中等职业教育改革发展示范校建设规划教材
编 委 会

中等职业教育改革发展示范校建设规划教材

焊接机器人案例教程

HANJIE JIQIREN ANLI JIAOCHENG

● 邵　慧　吴凤丽　主编 ● 孟笑红　主审

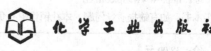

化学工业出版社

·北京·

本书在介绍工业机器人的基本概念、分类、组成和应用的基础上，以 Panasonic 机器人为例，主要介绍了焊接机器人的操作、编程方法及保养维护。全书共分为五个项目、十三个任务，以学生动手实践为主线，采用任务描述、任务分析、知识储备、任务实施、任务小结、思考与练习等几个环节进行学习。

本书侧重于对学生实际操作能力的培养，语言通俗易懂，图文并茂，并紧密结合现场的实用技术，突出综合素质、职业能力和应用能力的培养。

本书可作为中等职业院校焊接专业教材和企业岗位培训教材，也可供相关技术人员参考使用。

图书在版编目（CIP）数据

焊接机器人案例教程/邵慧，吴凤丽主编. —北京：
化学工业出版社，2015.5（2024.8 重印）
中等职业教育改革发展示范校建设规划教材
ISBN 978-7-122-23373-8

Ⅰ.①焊… Ⅱ.①邵… ②吴… Ⅲ.①焊接机器人-
中等专业学校-教材 Ⅳ.①TP242.2

中国版本图书馆 CIP 数据核字（2015）第 055870 号

责任编辑：高　钰　　　　　　　　　　　　文字编辑：陈　喆
责任校对：王素芹　　　　　　　　　　　　装帧设计：刘丽华

出版发行：化学工业出版社（北京市东城区青年湖南街 13 号　邮政编码 100011）
印　　装：北京科印技术咨询服务有限公司数码印刷分部
787mm×1092mm　1/16　印张10½　字数251千字　2024 年 8 月北京第 1 版第 2 次印刷

购书咨询：010-64518888　　　　　　售后服务：010-64518899
网　　址：http://www.cip.com.cn
凡购买本书，如有缺损质量问题，本社销售中心负责调换。

定　　价：38.00 元

前　言

随着科技的发展，我国的机械制造加工行业进入了一个崭新的发展时代，在这个关键的转型期，工业机器人得到了广泛的应用，并起到了不可替代的作用。机器人的发展水平已成为衡量一个国家科技水平的重要标志。焊接机器人是最常用的工业机器人之一，焊接机器人的广泛应用大大提高了焊接质量和生产效率，企业对能够熟练操作焊接机器人的技术人员更是求贤若渴。

针对企业的这种需求，我们依据技术型人才培养的教育规律，基于典型的岗位工作任务，构建了合理的课程结构，编制了理论知识与实践应用充分融合的课程内容，充分体现了职业教育的一体化教学特点。

本书共分为五个项目：走进焊接机器人的世界，焊接机器人的示教与编程，手动模式操纵焊接机器人，焊接机器人的运动轨迹示教，焊接机器人辅助设备使用及保养。

本书的编写以应用性、实践性的原则构建课程结构，以岗位能力的要求组织课程内容，紧紧围绕学生操作机器人的岗位能力进行培养，将实际操作技能和必备的理论知识融会贯通，既为学生奠定了扎实的理论基础，又注重了实用技能的培养。本书深入浅出、文字简洁，特别适合中等职业院校教学，还可作为企业相关技术人员的培训教材。

为保证本书的编写质量，突出能力培养、技术技能训练，邀请了有丰富企业生产经验的工程技术人员共同参与本书的编写工作。本书由邵慧、吴凤丽主编，李天牧（企业）、王晓峰（企业）、孟玮、杨秀丽、高艳华、王清晋、王莉、王正禄参与编写，孟笑红任主审。本书在编写和审稿过程中，得到了多家企业技术人员和许多兄弟院校领导及同仁的大力支持与热情帮助，参阅了相关文献资料，在此一并表示衷心的感谢。

由于水平有限，书中不足之处在所难免，恳请广大读者批评指正，提出宝贵意见。

编　者

目 录

绪　论

机器人（Robot）是自动执行工作的机器装置。Robot 这个词是由作家罗伯特创造的词汇。原为 robo，意思是奴隶，即人类的仆人。它既可以接受人类指挥，又可以运行预先编排的程序，也可以根据以人工智能技术制订的原则纲领行动。它的任务是协助或代替人类从事工作，例如生产业、建筑业、服务业或是其他充满危险性的工作。

现实生活中，很多人对机器人的认识主要来自于电影、电视或是小说，在他们眼中机器人是无所不能的万能机器，他们认为称为机器人形状必然要类似人，甚至有人把机器人当成了竞争对手，认为他们抢夺了人类的工作机会。然而现实中的机器人可能会让他们失望，绝大多数的机器人并没有那么神通广大，既不像人，又为人做了许多有益的事情，推动产业的发展，给人类创造了更多的就业机会。

20 世纪，人类取得了辉煌的成就，从原子能的应用到 DNA 双螺旋结构的发现，从相对论的创立到电子信息技术的腾飞，世界科技发生了翻天覆地的变革。机器人技术作为 20 世纪人类最伟大的发明之一，自 60 年代初问世以来，取得了长足的进步。工业机器人的发展经历了诞生—成长—成熟三个阶段。目前，工业机器人已经成为了加工制造业中不可或缺的核心装备，世界上约有 75 万台工业机器人正与工人们并肩奋战在各条工作流水线上。

机器人代替人类承担了危害人类健康或无法完成的工作，也为人类创造了更美好的生活。在实际生产生活中，有些工作会危害健康，比如重物搬运、喷漆等；有些工作强度高，要求精度很高，人类无法长期从事，比如精密装配、汽车焊接等；有些工作条件恶劣，人类无法到达，比如火山探险、深海勘探、火星探索等；这些都是机器人大显身手的地方。

随着技术的成熟和各行各业的需要，特种机器人的应用也正在兴起。仿人形机器人、娱乐机器人、服务机器人、医疗机器人、农业机器人、水下机器人、军用机器人等各种用途广泛的特种机器人纷纷面世，他们可以为人类治疗疾病，可以保洁保安，可以陪伴孩子玩耍，可以切磋棋艺，可以考古打捞，还可以冲锋陷阵。实现了海陆空全方位地服务人类，如图 0-1 所示。

自机器人诞生之日起人们就不断地尝试着说明到底什么是机器人。但机器人问世以来却没有一个统一的意见。其一是因为机器人不断发展，新机型和新功能不断涌现。另一个根本原因主要是机器人涉及具有一定难度的哲学问题——人的概念。

知识拓展：1886 年法国作家利尔亚当在他的小说《未来夏娃》中将外表像人的机器起名为"安德罗丁"（android），"安德罗丁"由四部分组成：生命系统、造型解质、人造肌肉、人造皮肤。

1967 年日本的第一届机器人学术会议上，提出了两个有代表性的定义。森政弘与合田周平提出："机器人是一种具有移动性、个体性、智能性、通用性、半机械半人性、自动性、奴隶性 7 个特征的柔性机器。"加藤一郎提出能称为机器人的机器应具有下列三个条件：具有脑、手、脚三要素的个体；具有非接触传感器（用眼、耳接受远方信息）和接触传感器；具有平衡觉和固有觉的传感器。

(a) 仿人机器人 ASIMO　　　　　　　　　(b) 形似机械狗的四足机器人

图 0-1　特种机器人

1987 年国际标准化组织对工业机器人的定义是："工业机器人是一种具有自动控制的操作和移动功能，能完成各种作业的可编程操作机。"

1988 年法国人埃斯皮奥将机器人定义为："机器人学是指设计能根据传感器信息实现预先规划好的作业系统，并以此系统的使用方法作为研究对象。"

我国科学家认为机器人应定义为："机器人是一种自动化的机器，所不同的是这种机器具备一些与人或生物相似的智能能力，如感知能力、规划能力、动作能力和协同能力，是一种具有高度灵活性的自动化机器。"

一、机器人的起源

虽然机器人一词的出现和世界上第一台工业机器人的问世都是近几十年的事。但是人们对机器人的幻想与追求却由来已久。

西周时期，我国的能工巧匠偃师研制出了我国最早记载的机器人——能歌善舞的伶人。

春秋后期，据《墨经》记载我国著名的木匠鲁班曾制造了一只能在空中飞行"三日不下"的木鸟。

公元前 2 世纪，亚历山大时代的古希腊人发明了最原始的机器人——自动机，它可以借助水、空气和蒸汽压力作为动力来开门和唱歌。

1800 年前的汉代，我国的大科学家张衡不仅发明了地动仪，还发明了记里鼓车。记里鼓车上的木人每行一里便可击鼓一下，每行十里击钟一下，可谓是当时的计程车，如图 0-2（a）所示。

三国时期，蜀国丞相诸葛亮为支援前方战争，制造出了可以运送军粮的"木牛流马"，如图 0-2（b）所示。

后来，玩偶的设计领域也出现了机器人。1662 年，日本的竹田近江利用钟表技术发明了自动机器玩偶，1738 年，法国天才技师杰克·戴·瓦克逊发明了一只会叫、会游泳，甚至会进食和排泄的机器鸭。1773 年，瑞士的钟表匠杰克·道罗斯和他的儿子连续推出了能自动书写及自动演奏的玩偶，在欧洲风靡一时。现在保留下来的最早的机器人是瑞士努萨蒂尔历史博物馆里的少女玩偶，它制作于二百年前，两只手的十个手指可以按动风琴的琴键而弹奏音乐，现在还定期演奏供参观者欣赏，展示了古代人的智慧。

（a）记里鼓车

（b）木牛流马

图 0-2 古代"机器人"

现代机器人的研究始于 20 世纪中期，基于计算机和自动化的发展，机器人的研究有了强大的技术背景支持，机器人的研究与开发得到了人们更多的重视，一些适用化的机器人相继问世。1927 年美国西屋公司工程师温兹利制造了第一个机器人"电报箱"，它是一个装有无线电发报机的电动机器人，可以回答一些问题，但不能自行移动。1959 年第一台工业机器人（可编程、圆坐标）在美国诞生，开启了机器人发展的新篇章。

二、机器人的分类

关于机器人的分类，国际上没有统一的标准。国际上的机器人学者，从应用环境出发将机器人也分为两类：制造环境下的工业机器人和非制造环境下的服务与仿人形机器人，而我国的机器人专家则从应用环境出发，将机器人分为两大类，即工业机器人和特种机器人。两者基本一致。一般的分类方式见表 0-1。

表 0-1 机器人分类方式

序号	类别	简介
1	操作型机器人	可以自动控制和重复编程，多功能，有几个自由度，可固定或运动，用于相关自动化系统中
2	程控型机器人	根据预先要求的顺序及条件，依次控制机器人的机械动作
3	示教再现型机器人	输入工作程序进行示教，教会机器人动作，机器人通过再现自动重复进行作业
4	数控型机器人	不必使机器人动作，输入数值、语言等对机器人进行示教，机器人根据示教后的信息进行作业
5	感觉控制型机器人	利用传感器获取的信息控制机器人的动作
6	适应控制型机器人	机器人可以适应环境的变化，控制自身的行动
7	学习控制型机器人	机器人具有一定的学习功能，可以"体会"工作的经验，并将所"学"的经验用于工作中
8	智能机器人	具有感觉、思考、决策和动作能力的系统称为智能机器人，是以人工智能决定其行动的机器人

三、工业机器人

工业机器人（industrial robot，简称 IR）在很多领域都得到了广泛应用。工业机器人是能够自主动作的多轴联动的机械设备。在需要时可以配备传感器，工作过程中，无需任何外力的干预，用编程控制即可完成灵活转动等动作操作。工业机器人通常配备有机械手、刀具或其他可装配的加工工具等，从而能够完成搬运操作及加工制造等任务。

1. 工业机器人概念

关于工业机器人，各国科学家从不同角度出发，给出的定义各有不同，以下为一些具有代表性的关于工业机器人的定义。

- 国际标准化组织（ISO）的定义是："一种自动的、位置可控的、具有编程能力的多功能机械手，这种机械手具有几个轴，能够借助于可编程序操作来处理各种材料、零件、工具和专用装置，以执行各种任务"。
- 美国机器人协会的定义是："一种用于移动各种材料、零件、工具和专用装置的，用可重复编制的程序动作来执行各种任务的多功能操作机"。
- 中国科学家的定义是："一种具有高度灵活性的自动化机器，这种机器除了能动作外还应具备一些与人或生物相似的智能，如感知、规划、动作和协同"。
- 日本科学家森政弘与合田周平的定义是："工业机器人是一种具有移动性、个体性、智能型、通用性、半机械半人性、自动性、奴隶性 7 个特征的柔性机器"。

近年来，国际上对机器人的概念已经逐渐趋近一致，联合国标准化组织采纳了美国机器人协会给机器人下的定义："一种可编程和多功能的操作机；或是为了执行不同的任务而具有可用电脑改变和可编程动作的专门系统。"

工业机器人基本具有下列四个基本特征：①具有特定的机械机构，其动作具有类似于人或其他生物的某些器官的功能；②具有通用性，可从事多种工作，可灵活改变动作程序；③具有不同程度的智能，如记忆、感知、学习、推理、决策等；④具有独立性，完整的机器人系统在工作中可以不依赖于人的干预。

知识拓展：机器人工业的先驱约瑟夫·恩格伯格曾说过："我无法给出机器人的定义，但当我见到机器人时我就会知道它是它。"如果将所有被人们称为机器人的机器都纳入考虑范围内，那么要给出一个全面的定义几乎是不可能的。每个人对机器人的组成都有着各自不同的看法。

2. 工业机器人产生与发展

美国是机器人的诞生地，早在 1962 年就研制出世界上第一台工业机器人。经过多年的发展，如今美国已成为世界上的机器人强国之一，但其发展道路却并不平坦。工业机器人的发展过程离不开现代计算机技术、数控技术和机械自动化技术等多领域技术的发展，工业机器人技术经历了一个长期缓慢的发展过程。20 世纪 50 年代末，美国在机械手和操作机的基础上，研制出了有通用性的独立的工业用自动操作装置，并将其称为工业机器人； 1969 年，美国通用汽车公司用 21 台工业机器人组成了焊接轿车车身的自动生产线。此后，各工业发达国家都很重视研制和应用工业机器人。工业机器人的发展历程见表 0-2。

从功能完善程度上看，工业机器人的发展可以分为三个阶段。

表 0-2　工业机器人的发展历程

时间	发展历程
1947 年	美国原子能委员会的阿尔贡研究所开发了遥控机械手
1948 年	美国原子能委员会的阿尔贡研究所又开发了机械式的主从机械手
1954 年	美国戴沃尔最早提出了工业机器人的概念，并申请了专利。其要点是借助伺服技术来控制机器人的关节，先由人对机器人进行动作示教，再由机器人记录和再现动作，即示教再现机器人（现有的机器人多数都采用这种控制方式）
1959 年	美国发明家英格伯格与德沃尔造出了世界上第一台工业机器人——"尤尼梅特（Unimate）"（图0-3），可实现回转、伸缩、俯仰等动作，可谓现代机器人的开端之作。此后，不同功能的机器人也相继出现并且活跃在不同领域
1962 年	美国 AMF 公司推出了 VERSTRAN 和 UNIMATION 公司推出的"UNIMATE"。这类工业机器人的控制方式与数控机床类似，但外形特征却很不一样，主要由类似人的手和臂组成
1965 年	MIT 的 Robort 演示了第一个具有视觉传感器的、能识别与定位简单积木的机器人系统
1967 年	日本成立了人工手研究会（现改名为仿生机构研究会），同年召开了日本首届机器人学术会
1970 年	美国召开了第一届国际工业机器人学术会议。此后，机器人的研究得到迅速广泛的普及
1973 年	辛辛那提·米拉克隆公司的理查德·豪恩制造了第一台由小型计算机控制的工业机器人，它由液压驱动，能提升的有效负载达 45kg
1980 年	工业机器人真正在日本普及，该年被称为"机器人元年"

（1）第一代——示教再现型机器人（Teaching And Playback Robot）

机器人在实现动作前，由操作者先示教运动轨迹，再将轨迹程序存储在记忆装置中。机器人工作时，将读取程序，并按预先示教好的轨迹和参数重复动作。目前国际上商品化、实用化的工业机器人基本上都属于这种类型。此类工业机器人不具备对外界信息的反馈能力，不能适应环境的变化。

（2）第二代——感知型机器人（Robot With Sensors）

机器人配备了相应的感觉传感器（如视觉、触觉、力觉传感器等），能依据传感器获得的信息灵活调整自己

图 0-3　世界上第一台机器人"尤尼梅特"

的工作状态，控制动作完成工作。此类工业机器人虽然具有一些初级的智能，但还需要操作者协调工作。这类工业机器人目前已得到了部分应用。

（3）第三代——智能型机器人（Intelligent Robot）

机器人以人工智能为特征，既具有更完善的环境感知力，又具有逻辑思维、判断和决策能力。可以依据实际作业情况自行规划操作顺序并完成工作任务。此类机器人虽然具有部分智能，但与真正的智能机器人相比还存在较大差距，机器人的自主作业能力仍在不断地研究探索中。

四、工业机器人的常用术语及基本组成

1. 工业机器人的常用术语

● 机器人本体（Manipulator，即操作机）：通常由一系列相互铰接或相对滑动的构件所组成。它通常有几个自由度，用以抓取或移动物体（工具或工件）。

● 示教盒（Pendant，即示教编程器、示教器）：是与控制系统相连的手持单元，用于对机器

人进行编程或使机器人运动。

● 末端执行器（End Effecter）：安装于机器人腕部末端，直接执行工作要求的装置，例如焊枪、焊钳、喷枪、夹持器等。

● 工具中心点（Tool Center Point，简称 TCP）：参照机器人手腕末端坐标系，为一定用途而设定的点。

● 位姿（Pose）：空间位置和姿态的合称。

● 自由度（Degree Of Freedom，简称 DOF）：通常作为机器人的技术指标，反映机器人动作的灵活性，可用轴的直线移动、摆动或旋转动作的数目来表示（末端执行器的动作不包括在内）。

● 工作空间（Working Space，即工作范围）：工业机器人工作时，其手腕参考点所能掠过的空间。

● 额定负载（Payload，即持重）：在正常操作条件下，作用于机器人手腕末端，且不会使机器人性能降低的最大载荷。

● 最大工作速度（Maximum Speed）：在各轴联动的情况下，机器人手腕中心所能达到的最大线速度。

2．工业机器人的基本组成

工业机器人主要由三部分组成：操作机、控制器和示教器（如图 0-4 所示）。

（1）操作机

用来完成各种作业的执行机械，主要由驱动装置、传动单元和执行机构组成。驱动装置通过传动单元带动执行机构，从而使末端执行器精确实现所要求的位姿和运动。Panasonic-TA1400 六轴关节型机器人操作机的基本结构如图 0-5 所示。

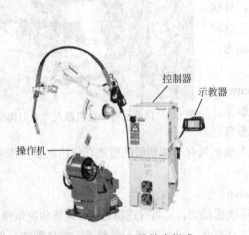

图 0-4　工业机器人的基本组成

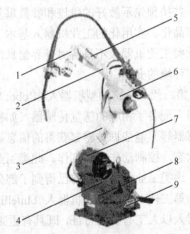

图 0-5　六轴关节型机器人操作机的基本结构

1—手腕；2—小臂；3—大臂；4—腰部；5—腕关节；
6—肘关节；7—肩关节；8—腰关节；9—基座

① 驱动装置是驱使机器人本体运动的机构，有电动、液压和气动驱动三种类型的动力源。目前，电动伺服驱动应用较多。其中，由于交流伺服电动机反应迅速、速度不受负载影响、加减速快、精度高、低速稳定等特点，使其应用最广。个别重负载工业机器人采用液压驱动。驱动器布置一般是一个关节（轴）一个驱动器。

② 传动单元主要采用 RV 减速器与谐波减速器，前者适宜于大功率传动，容许转矩大、刚度

高、传动精度高；后者的传动比大、结构紧凑。谐波减速器多应用于腕部传动，RV 减速器多应用于臂部。

③ 执行机构可分为基座、腰部、臂部（大臂和小臂）和手腕四个部分，一端固定在基座上，另一端可自由运动。执行机构通过四个独立旋转"关节"可实现各个方向上即运动。

为了满足不同用途的需要，操作机最后一个轴的机械接口通常是连接法兰，以便接装不同的末端执行器，如夹紧爪、吸盘、焊枪等。

（2）控制器

等同于工业机器人的"大脑"和"心脏"，它是决定机器人功能和水平的关键，也是机器人系统中更新和发展最快的部分。它通过控制电路硬件及软件来实现机器人的操纵，并进行机器人与周边设备的协调。控制器的功能分为两大部分：一是人机界面部分，其功能包括显示、通信、作业条件等。二是运动控制部分，功能包括运动演算、伺服控制、输入输出控制、外部轴控制等。

（3）示教器

用来创建和存储机械运动或处理记忆的设备，主要工作部分是操作按键和显示屏，如图 0-6 所示。示教器可由操作者手持移动，由线缆与主控计算机相连接，便于接近工作环境进行示教编程。实际操作时，操作者可通过示教器向主控计算机发送控制命令，完成对机器人的控制，同时将控制器产生的各种信息在显示屏上进行显示。

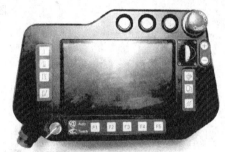

图 0-6 示教器（GⅢ）

五、工业机器人的分类及应用

工业机器人（通用及专用）一般是指用于机械制造业中代替人完成具有大批量、高质量要求工作的机器人，应用领域较为广泛，如汽车制造、舰船制造、家电产品制造、化工机械制造等行业自动化生产线中的焊接、切割、喷涂、装配等。随着机器人的不断发展和完善，按不同的划分方式可将工业机器人分为不同的类型，按作业任务不同应用较多的有搬运、装配、喷涂及焊接机器人。

1. 搬运机器人

最早的搬运机器人是 1960 年美国推出的 Versatran 和 Unimate，两种机器人首次用于搬运作业。搬运机器人可以通过编程用一种设备握持工件，从一个加工位置移到另一个加工位置，完成自动化搬运作业。搬运机器人可以安装不同的末端执行器来满足不同形状和状态工件的需要，完成各种的搬运工作，大大减轻了人类繁重的体力劳动。如今，搬运机器人已被广泛应用于机床上下料、冲压机自动化生产线、自动装配流水线、码垛搬运、集装箱等的自动搬运。部分发达国家已制订出人工搬运的最大限度，超过限度的必须由搬运机器人来完成。图 0-7 所示为抓取式和吸盘式搬运机器人。

2. 装配机器人

常用的装配机器人主要有 PUMA 机器人和 SCARA 机器人两种类型。装配机器人是可以完成一种产品或设备的某一特定装配任务的工业机器人。装配机器人可以抓取工作物品或零件，移动到指定位置，然后将其准确安装到产品或设备的某个部位上。与一般工业机器人相比，装配机器人具有精度高、柔顺性好、工作范围小、能与其他系统配套使用等特点。装配机器人主要用于各种电器制造（包括家用电器，如电视机、录音机、洗衣机、电冰箱、吸尘器）、小型电机、汽车及其部件、计算机、玩具、机电产品及其组件的装配等方面，如图 0-8 所示。

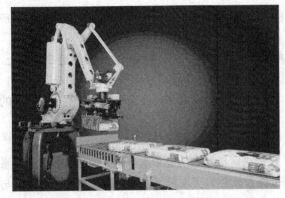

(a) 抓取式

(b) 吸盘式

图 0-7 搬运机器人

(a) 插入印制电路板

(b) 组装电话机

图 0-8 装配机器人

3. 喷涂机器人（喷漆机器人）

喷涂机器人于 1969 年由挪威 Trallfa 公司（后并入 ABB 集团）发明，用于进行自动喷漆或喷涂其他涂料。喷涂机器人的手臂有较大的运动空间，并可做复杂的轨迹运动，较先进的喷漆机器人腕部动作类似人的手腕，其采用了柔性手腕，既可向各个方向弯曲，又可转动，便于通过较小的孔洞伸入工件内部，进行内表面喷涂。喷漆机器人具有动作速度快、防爆性能好等特点，设备利用率高，提高了喷涂质量和材料使用率。广泛用于汽车、仪表、电气、搪瓷等工艺生产部门，如图 0-9 所示。

4. 焊接机器人

焊接机器人是可以通过编程将焊接工具按要求送达指定空间位置，并按要求轨迹及速度移动焊接工具实现焊接（切割）的工业机器人。工业机器人在焊接领域的应用最早是从汽车装配生产线上的电阻点焊开始的，如图 0-10 所示。电阻点焊过程相对简单，易于控制，对机器人的精度和重复精度要求也较低，且不需要焊缝

图 0-9 喷涂机器人

轨迹跟踪。电弧传感器的开发及应用，在一定程度上解决了电弧焊的焊缝轨迹跟踪和控制问题。机器人焊接在汽车制造中的应用也由装配点焊发展为汽车零部件和装配过程中的电弧焊。目前，机器人电弧焊已被广泛应用于造船、机车车辆、锅炉、重型机械等制造领域，如图0-11所示。

图0-10　电阻焊焊接机器人　　　　　　　图0-11　电弧焊焊接机器人

由上述可以看出，工业机器人具有其不可替代的优势，在遵循"机器人三原则"的基础上，机器人协助或替代人类从事一些条件恶劣的工作，把人从大量的、繁重的、危险的劳动中解放出来，实现了生产的自动化和柔性化，提高生产效率，避免工伤事故。

【阅读材料】关于机器人的文学作品

1920年，捷克剧作家雷尔·恰佩克在其创作的剧本《罗索姆的万能机器人》中首次提及了"机器人"（Robot）这一术语。作品中，机器工人们在得到一位科学家的帮助后，被赋予了人类的感情，之后他们推翻了人类创造者的统治。多年来，很多电影工作者和作家又创造了一部又一部经典的关于机器人的科幻作品。

著名科幻作家艾萨克·阿西莫夫相信科学使人类有能力运用知识，使科学技术服务于人类，甚至可以拯救人类免于灭亡。他作品中的机器人温和、乐于助人，可以说是人类科学技术和知识进步的象征，所以是值得赞美的。他制定的机器人三定律：

第一法则，机器人不得伤害人类或坐视人类受到伤害。

第二法则，除非违背第一法则，机器人必须服从人类的命令。

第三法则，在不违背第一及第二法则下，机器人必须保护自己。

此定律使机器人在与人类的交往中遵守着这则"机器人法"，机器人完全服务于人类，而不会成为科技的梦魇。

思考与练习

1. 机器人的一般分类方式。
2. 简述机器人的发展历程。
3. 根据图0-12区分下列工业机器人的类型，并简述其特点及应用领域。

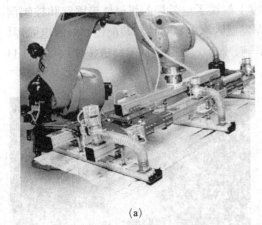

(a)

(b)

图 0-12　机器人

项目一

走进焊接机器人的世界

焊接机器人是常见的工业机器人之一,主要从事焊接(包括切割与喷涂)操作。焊接机器人是在工业机器人的末轴法兰上装接焊钳或焊(割)枪,使之能够进行焊接、切割或热喷涂。目前,焊接机器人已经在各行各业得到了广泛的应用,不仅改善了工人的劳动强度,而且大大提高了焊接质量和生产效率。

知识目标

1. 了解焊接机器人的常见类型。
2. 掌握焊接机器人的基本工作原理。
3. 掌握焊接机器人的位置控制。

技能目标

1. 能够正确识别点焊机器人系统的组成。
2. 能够正确识别弧焊机器人系统的组成。

情感目标

1. 严谨认真、规范操作。
2. 树立行业信心。

任务一　焊接机器人基础知识

【任务描述】

焊接机器人是一种可重复编程、自动控制、能够模仿人类动作、并能在空间位置完成各种焊接作业的自动化生产设备。焊接机器人中以点焊机器人和弧焊机器人应用较为广泛,要在了解焊接机器人的常见类型、系统组成、特点应用等知识的基础上,更好地应用焊接机器人,为下一步焊接机器人工作原理的学习做好知识和技术储备工作。

【任务分析】

在初步了解焊接机器人的产地、品牌及常见类型的基础上,充分了解应用广泛的点焊及弧焊机器人的特点和应用，树立对我国焊接机器人产业的信心。

【知识储备】

目前，我国应用的焊接机器人主要有欧系、日系和国产三种类型。日系中主要包括 Motoman、OTC、Panasonic、FANUC、NACHI、Kawasaki 等公司的机器人产品；欧系中主要包括德国的 KUKA、CLOOS，瑞典的 ABB，美国的 Adept，意大利的 COMAU 及奥地利的 ICM 公司的机器人产品；国产机器人生产企业有广州数控、沈阳新松和安徽埃夫特，他们是中国三大工业机器人制造商，是国产机器人生产企业的第一梯队。

一、焊接机器人的常见类型

焊接机器人作为当前广泛使用的先进焊接设备，具有高度的自动化、很好的焊接工艺性和精度等优点。焊接机器人按"焊接工艺"主要可分为点焊机器人和弧焊机器人两大类。图 1-1 所示为弧焊机器人可以采用的焊接方法。

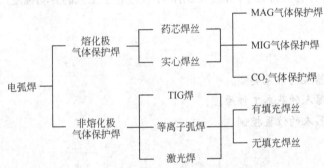

图 1-1　弧焊机器人可以采用的焊接方法

从构成方式看，焊接机器人绝大多数是在六轴关节型工业机器人的末端上安装不同的焊接工具构成的。

① 点焊机器人　点焊机器人是一种持握点焊钳的工业机器人，如图 1-2 所示。

② CO_2/MIG/MAG 弧焊机器人　CO_2/MIG/MAG 弧焊机器人是一种持握 CO_2/MIG/MAG 焊枪的工业机器人，如图 1-3 所示。

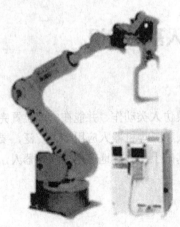

图 1-2　点焊机器人

图 1-3　CO_2 弧焊机器人

③ TIG 弧焊机器人 TIG 弧焊机器人是一种持握 TIG 焊枪的工业机器人，如图 1-4 所示。

④ 等离子弧焊（切割）机器人 等离子弧焊（切割）机器人是一种持握等离子弧焊（切割）枪的工业机器人，如图 1-5 所示。

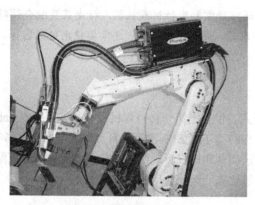

图 1-4 TIG 弧焊机器人

图 1-5 等离子弧焊（切割）机器人

⑤ 激光焊接（切割）机器人 激光焊接（切割）机器人是一种持握激光焊接（切割）枪的工业机器人，如图 1-6 所示。

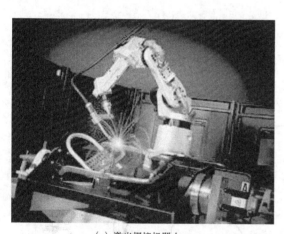

（a）激光焊接机器人

（b）激光切割机器人

图 1-6 激光焊接（切割）机器人

知识拓展：一台机器人焊接系统的基本配置都有哪些？

机器人配置是个比较复杂的问题，需要考虑到实际生产情况，主要根据焊接工件的材质、种类、形状、尺寸等判断选用什么样的焊接电源，采用什么样的焊接工艺，是否需要加设其他外围设备等。但简单说来，要想使用机器人焊接完成焊接生产，必须具备的基本配置如下：

① 焊接机器人。

② 匹配的焊接电源。

③ 安全支架（焊枪防碰撞传感器）——用于保护焊接机器人。

④ 施焊设备——焊枪、焊钳。

⑤ 送丝机。

⑥ 控制电缆（通信电缆）——用于焊接机器人和焊接电源通信。

⑦ 电缆单元——焊接所必需的附件。

⑧ 气体流量计。

⑨ 变压器。

这些只是基本配置，另外根据工件的情况，还可能需要变位机或机器人行走装置配合焊接。使用大电流（大于 300A）焊接时，需要配备冷却水箱。焊接中厚板时，还需要使用传感器等，这需要非常有经验的销售技术人员一起帮助判断。

二、点焊机器人

点焊机器人是用于点焊自动作业的工业机器人。世界上第一台点焊机器人是美国 Unimation 公司于 1965 年推出的 Unimate 机器人。我国在 1987 年自行研制出第一台点焊机器人——华宇 I 型点焊机器人。点焊机器人采用的驱动方式有液压驱动和电气驱动两种，其中电气驱动具有保养维修简便、能耗低、速度高、精度高、安全性好等优点，因此应用较为广泛。

1. 点焊机器人的系统组成

点焊机器人主要由操作机、控制系统、示教器和点焊焊接系统四部分组成，如图 1-7 所示。操作者可通过示教器和计算机面板按键进行点焊机器人运动位置和动作程序的示教，并设定运动速度、焊接参数等。点焊机器人按照示教程序规定的动作、顺序和参数进行点焊作业，其过程是可以实现完全自动化的。

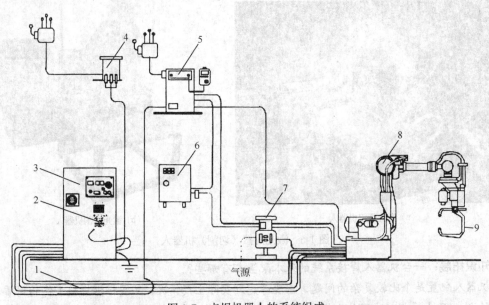

图 1-7 点焊机器人的系统组成

1—供电及控制电缆；2—示教器；3—控制柜；4—机器人变压器；5—焊接控制器；
6—水冷机；7—气/水管路组合体；8—操作机；9—点焊钳

① 点焊机器人控制系统分为本体控制和焊接控制两部分。本体控制部分主要是实现机器人本体的运动控制；焊接控制部分则负责对点焊控制器进行自动控制，发出焊接开始指令，自动控制和调整焊接参数（如电压、电流、施加压力及时间/周波等），控制点焊钳的大小行程及夹紧/松开动作。

② 点焊焊接系统主要由点焊控制器（时控器）、点焊钳（含阻焊变压器）及水、电、气等辅助部分组成。点焊控制器可根据预定的焊接监控程序完成焊接参数输入、焊接程序控制及焊接系统的故障自诊断，并实现与机器人控制柜、示教器的通信联系。点焊钳从外形结构上分有 C 形和 X 形两种，如图 1-8 所示。C 形焊钳用于点焊垂直及近于垂直倾斜位置的焊点；X 形焊钳则主要用于点焊水平及近于水平倾斜位置的焊点。

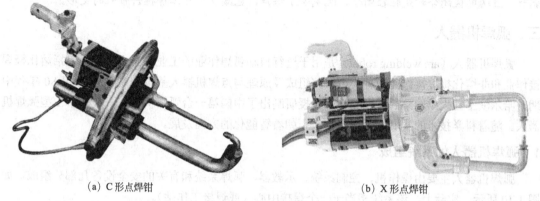

(a) C形点焊钳　　　　　　　　　　　　(b) X形点焊钳

图 1-8　点焊机器人焊钳

除此之外，点焊机器人还具有报警系统。遇到示教中的错误操作或再现作业中的某种故障时，点焊机器人的计算机系统会发出警报，自动停机，并显示错误或故障的种类。

2. 点焊机器人的特点及应用

在主控计算机的控制下，点焊机器人可以实现多台点焊机器人构成一个柔性点焊焊接生产系统，图 1-9 所示为汽车车身机器人点焊生产线。目前汽车车身的自动装配车间是使用点焊机器人最多的领域，一般装配一台汽车车体需完成 3000～5000 个焊点，而其中约 60%的焊点是由机器人完成的。最初点焊机器人只用于在已拼接好的工件上增加焊点，之后为了保证拼接精度，又让机器人完成定位焊作业。如今，点焊机器人已经成为汽车生产行业的支柱。

图 1-9　汽车车身机器人点焊生产线

知识拓展：近年来出现一种新的电伺服点焊钳，焊钳的开合靠伺服电动机驱动完成，在码盘反馈作用下，焊钳的张开度也可以任意选定并预置。而且电极间的压紧力也可以无级调节。这种新的电伺服点焊钳具有如下优点：①焊点间的焊接周期大幅度降低，机器人可以在点与点之间的移动过程中实现焊钳张开与闭合。②在不发生碰撞或干涉的情况下焊钳张开度可以根据工件条件任意调整，但尽可能减少张开度以节省焊钳开合所占的时间。③焊钳闭合加压时的压力大小可以调节，且两电极闭合时是轻轻闭合，既减少了噪声，也减少了与工件撞击带来的变形。

三、弧焊机器人

弧焊机器人（arc welding robot）是用于进行自动弧焊作业的工业机器人，主要包括熔化极焊接作业和非熔化极焊接作业两种类型。其组成及原理与点焊机器人基本相同。20 世纪 80 年代中期，哈尔滨工业大学的蔡鹤皋、吴林等教授研制出了中国第一台弧焊机器人——华宇 I 型弧焊机器人。随着科学技术的发展，弧焊机器人正朝着智能化的方向发展。

1. 弧焊机器人的系统组成

弧焊机器人主要由操作机、控制系统、示教器、弧焊系统和有关的安全设备几部分组成，如图 1-10 所示。实际上，该系统相当于一个焊接中心（或焊接工作站）。

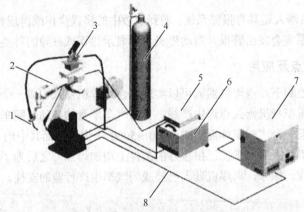

图 1-10　弧焊机器人系统组成
1—焊枪；2—操作机；3—送丝机；4—气瓶；5—编码转换单元；
6—弧焊电源；7—控制柜；8—供电及控制电缆

弧焊机器人操作机的结构与通用型工业机器人基本相似，主要区别为其末端执行器为焊枪。操作机所具有的自由度通常在 3～5 个以上，6 自由度的机器人能够实现焊枪的任意空间位置和姿态。

① 弧焊机器人控制系统在控制原理、功能及组成上和通用型工业机器人基本相同，目前通常采用分级控制的系统结构。一般分为两级：上级具有存储单元，可实现重复编程、存储多种操作程序，负责管理、坐标变换、轨迹生成等；下级由若干处理器组成，每个处理器负责一个关节的动作控制及状态检测，更好地实现了实时性、高速、高精度控制。此外，工件定位夹紧、变位、保护气体供断等周边设备，均设有单独的控制装置，可以单独编程，同时也可以与机器人控制装置互换信息，实现机器人控制系统全部作业的统一调控。

② 弧焊系统主要由焊接电源、送丝机、焊枪和气瓶等组成，是完成弧焊作业的核心装备。配备的安全设备主要包括驱动系统过热自断电保护、动作超限位自断电保护、超速自断电保护、机器人系

统工作空间干涉自断电保护及人工急停断电保护等，可以起到防止机器人伤人或保护周边设备的作用。在末端执行器上还配备各类传感器，可以使机器人在过分接近工件或发生碰撞时停止工作。

2. 弧焊机器人的特点及应用

弧焊机器人具有可长期进行焊接作业，保证高生产率、高质量和高稳定性等特点。弧焊工艺早已普及到各行各业且涉及领域广泛，使得弧焊机器人在汽车及其零部件制造、摩托车、工程机械、铁路机车、航空航天、化工等行业得到广泛应用，如图 1-11 所示。

（a）工程机械-转台的机器人焊接　　　　　　　　（b）汽车-车身的机器人焊接

图 1-11　弧焊机器人的应用

【阅读材料】 新松——民族机器人产业的脊梁

新松公司概况

新松公司隶属中国科学院，是一家以机器人独有技术为核心，致力于数字化智能高端装备制造的高科技上市企业。其工业机器人产品填补多项国内空白，创造了中国机器人产业发展史上 88 项第一的突破，并且改写了中国机器人只有进口没有出口的历史，成功地将产品出口到全球 13 个国家和地区。公司的机器人产品线涵盖工业机器人、洁净（真空）机器人、移动机器人、特种机器人及智能服务机器人五大系列。洁净（真空）机器人多次打破国外技术垄断与封锁，大量替代进口；移动机器人产品综合竞争优势在国际上处于领先水平，被美国通用等众多国际知名企业列为重点采购目标；特种机器人在国防重点领域得到批量应用。在高端智能装备方面已形成智能物流、自动化成套装备、洁净装备、激光技术装备、轨道交通、节能环保装备、能源装备、特种装备产业群组化发展。

新松是国内最大的机器人产业化基地，在北京、上海、杭州、深圳及沈阳设立五家控股子公司。公司以近 300 亿的市值成为沈阳最大的企业，是国际上机器人产品线最全厂商之一，也是国内机器人产业的领导企业。在建的杭州高端装备园与沈阳智慧园将会成为南北两大数字化高端装备基地，也是全球最先进的集数字化、智能化为一体的高端智能加工中心，其采用的机器人生产机器人模式，率先开展制造模式根本性变革。投产后产能将达到 15000 台/年，首期产能达到 5000 台/年。

公司连续被评为"机器人国家工程研究中心""国家认定企业技术中心""国家 863 计划机器人产业化基地""国家博士后科研基地""全国首批 91 家创新型企业""中国名牌""中国驰名商标"，起草并制定了多项国家与行业标准。新松机器人如图 1-12 所示。

(a) 弧焊机器人

(b) 智能送餐机器人

图 1-12　新松机器人

【任务实施】

项目任务书 1-1

任务名	焊接机器人常识		
指导教师		工作组员	
工作时间		工作地点	
任务目标		考核点	
了解焊接机器人常见类型 了解焊接机器人常见类型的特点及应用 认识点焊和弧焊机器人的系统组成		常见焊接机器人的种类、特点及应用 点焊和弧焊机器人的系统组成	
任务内容			

1. 根据图片区分下列焊接机器人的种类，并简述其特点及应用领域

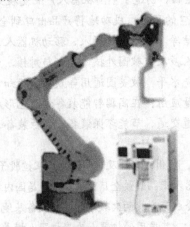
焊接机器人 I

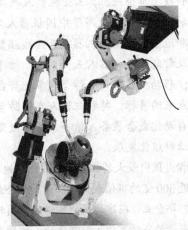
焊接机器人 II

	焊接机器人 I	焊接机器人 II
焊接机器人种类		

特点及应用领域		

2. 依据图片说明此类焊接机器人的系统组成及各部分的作用

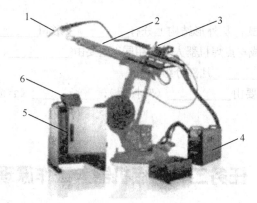

部位	名称
1	
2	
3	
4	
5	
6	

项目完成情况总结

自我表现评价	
指导教师评价	

【任务小结】

焊接机器人能够实现常用焊接方法的实施，甚至一些激光焊接、切割也可以通过焊接机器人来进行操作。主要用于加工制造业。点焊与弧焊机器人的系统基本上都由操作机、控制系统、示教器、焊接系统及相关安全设备几个部分组成。

思考与练习

1. 点焊钳有很多形式，从外形结构上分有_____形和_____形两种。
2. 弧焊机器人的组成与点焊机器人基本相同，主要由_____、_____、_____、_____和有关的_____几部分组成。
3. 点焊焊接系统主要由_____（时控器）、_____（含阻焊变压器）及水、电、气等辅助部分组成。

任务二 焊接机器人工作原理

【任务描述】

焊接机器人工作系统的组成部分之间遵循示教的工作原理完成各种焊接作业。工作手臂也必须通过一定的控制才能实现点位或连续路径的作业。所以，在使用焊接机器人之前需要了解其工作原理及其运动控制。除此之外，还需对焊接机器人的常见型号进行了解，帮助我们更好地选用焊接机器人，为下一步焊接机器人示教学习做好知识和技术储备工作。

【任务分析】

目前使用的焊接机器人多为一代机器人——示教型，在了解焊接机器人品牌和常见类型的基础上，充分理解焊接机器人的工作原理及其运动控制，并理解常见型号的含义，为工作中选用和使用机器人打下坚实的基础。

【知识储备】

一、焊接机器人的工作原理

现在广泛应用的焊接机器人绝大多数属于第一代工业机器人，属于示教再现机器人，它的基本工作原理即"示教-再现"。

"示教"指的是焊接机器人学习的过程，在这个过程中，操作者需要通过人工操作指挥焊接机器人完成某些动作和运动轨迹并预设焊接参数。同时，焊接机器人会利用控制系统以程序的形式将其记忆并保存下来。"再现"过程是指焊接机器人工作时，将按照示教时记录下来的程序和预设的焊接参数重复展现这些动作，完成焊接任务。具体工作原理过程如图 1-13 所示。

在焊接机器人工作前，通常先由操作者使用示教器操作机器人使其动作，"示教"机器人作业。当机器人动作满足实际作业要求的位置与姿态时，这些位置点将被记录下来，生成动作命令，同

图 1-13 焊接机器人的示教与再现

时可以在程序中的适当位置加入工艺参数命令及其他输入输出命令，并存储在控制器某个指定的示教数据区。

当机器人工作时，控制系统将自动按顺序逐条取出示教命令和其他有关数据，并按预先示教好的路径和动作进行运动。在实施焊接过程中，机器人可以依据程序中的各种焊接作业命令，完成焊接作业任务。同时，进行作业过程监测，以确保焊接任务保质保量地完成。

通常实际工作中的示教程序是需要进行试运行的，并通过修改、调整，才能获得有效的焊接程序。

二、焊接机器人的运动控制

在操作焊接机器人时，为保证焊接质量焊枪必须与待焊工件处于合适的空间位置和姿态（以下简称位姿），这些位姿的实现都是由机器人的若干关节运动合成的。机器人的位置控制是焊接机器人的基本控制任务，也称为位姿控制或轨迹控制。焊接机器人的很多作业是通过控制位姿来实现的，主要包括点到点的控制（如点焊机器人）或连续路径控制（如弧焊机器人）。

（1）点到点的控制（Point To Point，简称 PTP）

PTP 控制只专注于机器人末端执行器运动的起始点及目标点位姿，对这两点之间的运动轨迹不做规定。如图 1-14 所示，机器人的焊枪由 A 点到 B 点可选择沿 1～3 中的任一轨迹运动。无障碍条件下的点焊操作可采取这种控制方式，比较简单。

（2）连续路径控制（Continuous Path，简称 CP）

与 PTP 控制不同，CP 控制不仅要精准完成达到目标点的位姿，而且必须确保机器人能按照预想的轨迹在一定精度范围内运动。如图 1-14 所示，假设要求机器人末端焊枪必须沿轨迹 2 由 A 点到达 B 点。该控制方式可实现机器人弧焊操作。

机器人 PTP 控制是 CP 控制的基础，通过在相邻两点之间采用满足精度要求的直线或圆弧轨迹插补运算即可实现轨迹的连续化。

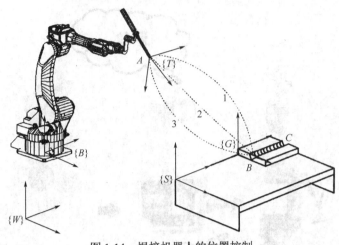

图 1-14　焊接机器人的位置控制

三、常用焊接机器人型号

目前，常见的品牌有瑞士的 ABB、日本的 FANUC（发那科）、日本的 YASKAWA（安川电机）、德国的 KUKA（库卡）、日本的 Panasonic（松下）、神钢、OTC、德国的克鲁斯 CLOOS 等。很多时候我们会对机器人铭牌上标注的型号感觉困惑，如图 1-15 所示。企业生产的焊接机器人产品型号主要分为两种：焊枪外置型和焊枪内藏型，每种按照臂长又可分为几种。

图 1-15　机器人型号的选择困惑

以唐山松下机型为例，TA 系列指的是电缆（通常指焊枪电缆）悬在机器人手臂外面的机器人，即焊枪电缆外置式机器人；TB 系列指的是电缆（通常指焊枪电缆）从机器人手臂中穿过的机器人，即焊枪电缆内藏式机器人。通常所说的 TA1400、TA1800、TB1400、TB1800、TA1600 后面的四位数字指的就是机器臂长的动作半径范围。松下机器人按臂展长度有 5 种选择：1000mm、1400mm、1600mm、1800mm、1900mm。

目前唐山松下销售的机器人常见的控制器型号共有：GⅡ、GⅢ、WG 和 WGH。GⅡ是工业通用机器人的控制器型号，通常说的 TA1400、TB1400，就是指的 TA1400GⅡ（GⅢ）、TB1400GⅡ（GⅢ）。配置 WG 控制器的机器人在国内被称为 TAWERS 机器人。配 WGH 控制器的机器人在国内被称为大电流 TAWERS 机器人。常见型号含义举例如下：

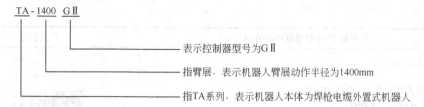

TA - 1400　G II

表示控制器型号为G II

指臂展，表示机器人臂展动作半径为1400mm

指TA系列，表示机器人本体为焊枪电缆外置式机器人

知识拓展：什么是TAWERS？

TAWERS（The Arc Welding Robot System 的首字母缩写）即：弧焊专用机器人，是松下株式会社在全球首先开发的焊接机器人，集中了各项优异焊接功能于一身，是弧焊机器人发展史上的一个里程碑式的产品。配置 WG 控制器的 TAWERS，最大输出电流可达到 350A。大电流 TAWERS 配置 WGH 控制器，最大输出电流可达到 450A。

【阅读材料】 焊接电源简介

产品名称/产品型号及产品特点	产品图示
全数字脉冲 CO_2/MAG 焊机：YD-350GR3　　YD-500GR3 ① 通过双 CPU 控制、高速 CPLD 控制，数字送丝系统 ② 内置的焊接专家系统 ③ 作为机器人和专机电源，适合碳钢的焊接，应用于汽车、摩托车、自行车、家具、健身器材、管道等广泛的领域	
全数字脉冲 MIG/MAG 焊机：YD-350GL3　　YD-500GL3 ① 通过双 CPU 控制、高速 CPLD 控制，数字送丝系统 ② 内置焊接专家系统 ③ 适合 CO_2/MAG、脉冲 MAG/MIG 等多种焊接方法 ④ 作为机器人电源，适合汽车及摩托车消声器焊接及其他不锈钢制品的焊接	
全数字脉冲 MIG/MAG 焊机：YD-400GE2 ① MIG/MAG 焊接的高级机型 ② 内置丰富的焊接专家系统 ③ 作为机器人电源，适合不锈钢、铝及碳钢的焊接	
全数字 CO_2/MAG 焊机：YD-350GZ4 ① 实现超低飞溅的焊接电源 ② 实现薄板的高品质焊接 ③ 实现有间隙及高速焊接 ④ 作为机器人电源，适合碳钢的焊接，应用于汽车、摩托车、自行车、家具、健身器材等广泛的领域	

续表

产品名称/产品型号及产品特点	产品图示
全数字交直流 TIG 焊机：YC-300BP4 ① 焊接输出频率达 400Hz ② 内置专家导航功能 ③ 实现铝及多种金属的高品质焊接 ④ 作为机器人电源，适合铝及多种金属的焊接，应用于摩托车、自行车、家具、健身器材等广泛的领域	
交直流 TIG 焊机：YC-300WX4 YC-500WX4 ① 实现铝及多种金属的高品质焊接 ② 作为机器人电源，适合铝及多种金属的焊接，应用于自行车等领域	

【任务实施】

项目任务书 1-2

任务名		焊接机器人原理及控制	
指导教师		工作组员	
工作时间		工作地点	
任务目标		考核点	
了解焊接机器人的工作原理 了解焊接机器人点位及连续路径的控制 认识焊接机器人型号及含义		焊接机器人的工作原理 常见焊接机器人型号及其含义	
任务内容			
1. 根据图片描述焊接机器人的工作原理			
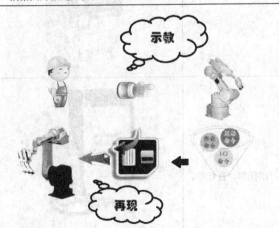		工作原理描述：	

2．简述机器人如何由 PTP 控制实现 CP 控制

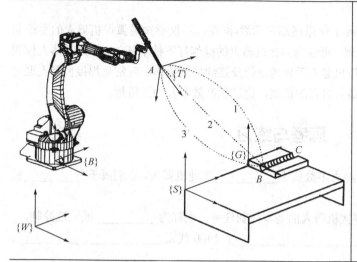

3．解释型号 TA-1800 GⅡ的含义

TA：

1800：

GⅡ：

项目完成情况总结	
自我表现评价	
指导教师评价	

【任务小结】

现在广泛使用的焊接机器人多数工作原理都是示教-再现。不仅要知道弧焊机器人的系统组成，还要理解其示教-再现的工作原理，可以为焊接机器人的操作打下技术基础。了解机器人位置控制的原理，帮助操作者更好地实现机器人手臂的点位及连续控制操作。对常见焊接机器人型号的理解，使操作者在使用时选择更适合自己的机型，提高生产效率及加工质量。

思考与练习

1. 现在广泛应用的焊接机器人绝大多数属于_____工业机器人，它们属于_____机器人，它的基本工作原理即_____。

2. 实现机器人的位置控制是焊接机器人的基本控制任务，也称为_____或轨迹控制。

3. TB-1400GⅢ：TB 代表_____；1400 代表_____；GⅢ代表_____。

项目二

焊接机器人的示教与编程

焊接机器人大部分属于示教再现型电弧焊接机器人。在机器人系统中，操作者对机器人的控制，主要通过示教器编程来实现。示教器又称作示教编程器，可由操作者手持移动，使操作者能够方便地接近工作环境进行视教编程。示教器主要工作部分是操作键与显示屏，其主要功能是对按键进行操作，并将按键信息送达控制器，同时将控制器产生的各种信息在显示屏上进行显示。

知识目标

1. 熟悉焊接机器人的安全操作规程。
2. 熟悉示教器按键及其主要功能。
3. 掌握焊接机器人示教的主要内容。

技能目标

1. 能够正确打开与关闭机器人伺服电源。
2. 能够新建和加载焊接机器人程序。
3. 能够完成平板堆焊的运动示教。

情感目标

1. 安全意识、规范操作。
2. 团结合作、善于沟通。

任务一　焊接机器人的安全使用

【任务描述】

随着焊接机器人的导入，生产设备等自动化的工作现场随之增加。但同时，由于焊接机器人的使用不当造成的人身伤害也有发生，究其根源，机器人与以往传统概念的机械有所不同，存在一定的危险性。与其他机械设备相比，机器人的操作规范有所不同。由于机器人的操作灵活、运动速度快、运动范围大等特点都会带来一定的安全隐患，所以，机器人的示教作业、程序编辑、变更以及维护保养等均需由经过相关培训的人员实施。

【任务分析】

焊接机器人的操作人员需要学习焊接机器人、电弧焊和焊接设备的相关安全教育及操作规范，才可以更好地、安全地应用焊接机器人，确保操作安全。初步掌握焊接机器人的安全操作规范是使用焊接机器人的基础，可以为下一步学习焊接机器人的操作做好准备工作。在充分了解了焊接机器人的安全标识、安全法规以及各种安全注意事项后，操作者才能够严格按照焊接机器人的安全操作准则进行安全管理。

【知识储备】

为了确保安全，必须认真阅读并全面理解焊接机器人的操作要求，同时，也必须严格遵守地方政府和国家政府颁布的有关人身安全和保健的各项法律、法令和规定。必须严格挑选合格的操作人员，并指定安全管理人员。他们必须经过严格培训，深刻了解厂家对焊接机器人的各项安全操作及维修规定。

当操作或对机器进行示教时，将需要严格的作业区域，而且会涉及其他机器所没有的潜在危险：

① 焊接机器人的构造及控制很复杂，具有相当的高度，对其使用需要相当的知识要求，使用者认识不足从而错误操作是出现危险的原因之一。

② 焊接机器人存在机器外部空间自动动作的机械手，这些动作包含了大量快速且复杂的机械动作，不易判断。

③ 根据产品的具体情况或设置条件，信号控制的回路有发生异常的可能性，这些异常将直接反映在机器人的动作异常上。

分析这些危险性，应具体实施安全对策，尽一切努力避免事故的发生。每一个焊接机器人用户都必须要求所有的工作人员采取预防措施，以保证所有使用或接近的人员的安全。并时刻对自己提出警醒，如图 2-1 所示。

必须时刻牢记　"安全第一"　的原则
有能力而且愿意 "确保自己和他人的安全"

图 2-1　警醒标语

一、焊接机器人的安全标准

针对机器人的安全要求，国际标准化组织 ISO 发布工业机器人安全规范 ISO 10218-1，规定了工业机器人及其系统在设计、制造、编程、操作、使用、维护和修理阶段的安全要求及注意事项。2007 年，国家标准化管理委员会颁布工业机器人安全实施规范 GB/T 20867—2007，说明预防偶然事故的技术措施遵循下述两条基本原则：

● 自动操作期间安全防护空间内无人。

- 当安全防护空间内有人进行示教、程序验证等工作时，消除危险或至少降低危险。

上述原则包括：

- 设立安全防护空间和限定空间。
- 机器人系统的设计，应使绝大多数作业在安全防护空间外完成。
- 要预设安全补偿措施，以防有人闯入安全防护空间。

而焊接机器人的安全要求标准，参照工业机器人安全规范标准。在这里，我们以松下（Panasonic）工业机器人 GⅢ系列为例介绍安全使用要求。

知识拓展：ISO（国际标准化组织）是各国家标准化团体（ISO 成员体）世界范围的联合体。通常国际标准的制定通过 ISO 技术委员会来执行。各成员体对技术委员会已确定的感兴趣的项目有权派代表参加。国际组织、政府和民间团体可与 ISO 联系，也可参加该项工作。技术委员会采纳的国际标准草案由全体成员体投票表决，要求至少 75%的成员体表决赞成方能作为国际标准发布。

国际标准 ISO 10218 由 ISO/TC 184（工业自动化系统和集成）的分委会 SC2（制造环境用的机器人）制定。

二、焊接机器人警示符号

为确保安全作业，将操作中必须特别注意的内容做成警示符号，如图 2-2、图 2-3 所示。操作人员要严格按照警示符号要求执行。警告、小心，强制性的行动和禁令必须执行。

警示符号	信号名称	描　述
 ⚠	危险	这个符号意味着如果操作不小心，将导致包括死亡或严重的个人伤害的危险意外事件
 ⚠	警告	这个符号意味着如果操作不小心，将导致潜在的包括死亡或严重的个人伤害的危险意外事件
 ⚠	小心	这个符号意味着如果操作不小心，将导致潜在的包括不同程度的或轻微的个人伤害的危险意外事件以及对设备的潜在的财产损坏

警示符号	信号名称	描　述
 ❗	强制性的行动	必须被执行的行动，例如接地
 🚫	禁止	不能被执行的行动

图 2-2　警示符号

图 2-2 的警示符号普遍使用。其中"严重的个人损害"指视力的损失、受伤、烧伤（高温度和低温度烧伤）、电击、骨折和瓦斯中毒以及那些经过一段时间才能显示出来的需要住院治疗或必须药物治疗的后遗症。"不同程度和轻微的个人损害"指烧伤（高温度和低温度烧伤）、电击、骨折以及不需要住院治疗或必须药物治疗的后遗症。"财产损害"指对周围环境和设备的广泛的损害。在设备上的不同位置还贴有相应的警示标记，提醒操作者注意，如图 2-3 所示。

三、焊接机器人的安全操作

由于机器人系统复杂而且危险性大，根据《中华人民共和国安全生产法》的规定，为了确保操作者的安全，必须进行特殊行业岗前培训；室内焊接的工作还要遵守《防止粉尘伤害的规则》；在不同的国家地区，须遵守各自的安全法令。

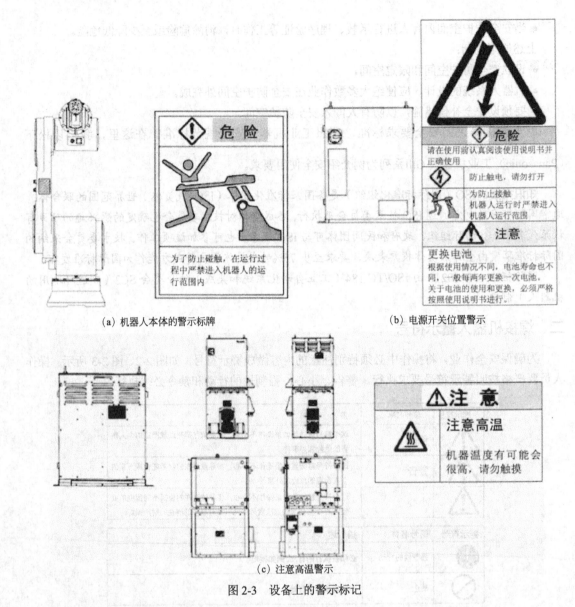

(a) 机器人本体的警示标牌

(b) 电源开关位置警示

(c) 注意高温警示

图 2-3 设备上的警示标记

1. 操作人员的安全管理责任及管理

所谓安全生产管理就是针对人们在安全生产过程中的安全问题，运用有效的资源，发挥人们的智慧，通过人们的努力，进行有关决策、计划、组织和控制等活动，实现生产过程中人与机器设备、物料环境的和谐，达到安全生产的目标。其主要内容包括：安全生产管理机构、安全生产管理人员、安全生产培训教育、安全生产责任制、安全生产管理规章制度等。在生产过程中为了避免发生灾害事故，通常操作人员需明确自己应承担起确立安全管理责任。

（1）对作业员进行安全教育

机器人工作人员要进行相关的培训；了解电焊工的安全卫生常识。

（2）正确安全的工作方法

学习工作服及防护用具的正确使用；防护栏及安全防护装置的使用。

（3）对安全作业的监督

劳动强度适中；了解使用方法未定的设备及工具等的使用权限。

（4）保持安全的工作环境

对工作场地严格管理；严格完成维护和管理设备、工具的工作。

（5）紧急情况应对

做好紧急情况应对方案；预备好消防器材等防灾设备，并且做好应对演练。

知识拓展：《中华人民共和国安全生产法》是为了加强安全生产监督管理，防止和减少生产安全事故，保障人民群众生命和财产安全，促进经济发展而制定的法律（参见该法第一条）。《中华人民共和国安全生产法》于 2002 年 11 月 1 日起施行，2014 年 8 月 31 日中华人民共和国第十二届全国人民代表大会常务委员会通过关于修改《中华人民共和国安全生产法》的决定，自 2014 年 12 月 1 日起施行。

2. 工作人员的安全守则

① 工作人员要在安全护栏外进行操作，而且要在明显位置给予提示，如图 2-4 所示。必须时刻注意安全，禁止在机器人周围打闹、游戏或有危险行为。

注意

由于机器人系统复杂而且危险性大，在练习期间，对机器人进行任何操作都必须注意安全。无论什么时候进入机器人工作范围都可能导致严重的伤害，只有经过培训认证的人员才可以进入该区域。

图 2-4 安全操作范围警示信息

② 工作人员要按规定穿着工作服、安全靴、安全帽等安保用具。由于佩戴手套工作时，遇到紧急情况可能反应不及发生危险，因此请勿戴手套。

③ 示教前应确认保护装置是否能够正常工作。如需要手动控制机器人时，应确保机器人动作范围内无任何人员或障碍物，将速度由慢到快逐渐调整，避免速度突变造成伤害或损失。

④ 执行程序前，应确保：机器人工作区内不得有无关的人员、工具、物品，工件夹紧可靠并确认焊接程序与工件对应。

⑤ 清枪剪丝时机器人动作较快，操作人员应避免停留在清枪剪丝位置附近。机器人工作时，操作人员应注意查看焊枪线缆状况，防止其缠绕在机器人上。线缆不能严重绕曲成麻花状和与硬物摩擦，以防内部线芯折断或裸露。示教器和线缆不能放置在变位机上，应随手携带或挂在操作位置。

⑥ 当机器人停止工作时，不要认为其已经完成工作了，因为机器人很可能是在等待让它继续移动的输入信号。工作结束时，应使机械手置于零位位置或安全位置。

⑦ 机器人钥匙必须保管好，严禁非授权人员使用机器人。不得滥用机器人，不得使用机器人从事规定之外的工作。

⑧ 不得用力摇晃机器人及在机器人上悬挂重物，严禁随意攀爬，如图 2-5 所示。禁止在机器人控制箱和机器人本体上安装、设置任何指定之外的机器或设备。请认真管理好控制柜，请勿随意按下按钮。禁止依靠控制柜，防止不小心碰触开关或按钮。

⑨ 机器人要定期进行维护、点检工作。必须要保证工作中的安全及点检后机器人的安全。因此，维护点检工作必须由非常了解机器人及其系统安全保护装置和紧急对应处理方法的工作人员来进行。

⑩ 遇到紧急或危险情况时，要立即按下【紧急停止按钮】，停止机器人运转。

⑪ 在机器人的动作范围内进行示教等作业时，在安全护栏外要设置安全监督人员配合工作。由于示教作业人员不能观察到周围的情况，要准备好万一发生意外时能够迅速对应。

⑫ 严格遵守并执行机器的日常维护。

3. 工作环境的安全要求

① 严格整理整顿工作区域。对工作区域进行严格的整理、整顿、清扫、努力保持工作环境清洁。机器人周围区域必须清洁，无油、水及杂质等。操作者要保持机器人本体、控制柜、夹具及周围场所的整洁。如果地面上有油、水、工具、工件时，可能绊倒操作者引发严重事故，如图 2-6 所示；工具用完后必须放回到机器人动作范围外的原位置保存；机器人可能与遗忘在夹具上的工具发生碰撞，造成夹具或机器人的损坏。工作结束后要及时清理机器人、工作现场、摆放工具。

图 2-5　禁止攀爬　　　　　　　　图 2-6　防止滑倒

② 严格遵守防火、高压、危险、外人勿进等规定，确保工作场内的安全。在机器人运行区域内，禁止存放易燃易爆物品，防止焊接飞溅或火花引起爆炸或燃烧。危险品请放置在其他专门的保管库内。并在焊接作业场地附近配备灭火器，便于紧急情况使用。

③ 机器人本体四周必须安装安全护栏，要在护栏内留有足够的工作空间，在机器手臂伸展碰触不到的位置设置安全护栏，并固定好，如图 2-7（a）所示。护栏强度必须能够抗击工作中发生的振动、冲击等情况，且不易让人翻越。并配装刚性保护屏或弧光防护屏适用于焊接领域防护，保护人体免受伤害。

4. 电弧焊接时的安全预防措施

① 请使用遮光帘或其他防护设备，防止操作者或其他人员受到焊接弧光、烟尘、飞溅及噪声的伤害或影响。弧光可能对皮肤及眼睛造成伤害，焊接中所产生的飞溅可能烫伤眼睛或皮肤，焊接中所产生的噪声可能对操作者的听觉造成损害。为确保作业现场的工作人员不受焊接电弧的影响，请在焊接作业场所周围安装遮光帘。进行焊接作业或监测焊接作业时，请佩戴遮光用深色眼睛或使用防护面罩，焊接用皮质防护手套、长袖衬衫、护脚和皮质围裙。如果噪声很强时，请使用抗噪保护装置，戴上防噪声用具。

(a) 焊接工业机器人系统专用铝合金
焊接安全防护围栏

(b) 移动式焊接防护屏

(c) 焊接遮光帘

图 2-7　焊接防护设施

知识拓展：常用防护屏的种类

a. 防护屏移动式：屏风四周折边打孔，固定在横杆上或框架上，框架下方配有移动滑轮，可任意移动，保证焊接作业的完成。如图 2-7（b）所示。

b. 防护屏推拉式：屏风三面折边打孔，最上面打金属吊环孔，将吊环孔与横梁用扎带或钢丝绳连接或穿起来，使防护屏推拉方便。

c. 电焊防护帘：帘片上方用不锈钢夹片与龙骨连接，方便拆卸更换，便于人及车辆货物通过。如图 2-7（c）所示。用途：阻挡电弧弧光、隔热、阻挡焊接飞溅火星等，多用在环保领域的烟尘净化和普通电焊工作场合。

焊接机器人防护门是把快速卷门放在焊接机器人工作站以阻断机器人焊接时产生的有害物质和隔断焊产生的弧光对人体眼睛的伤害。

② 焊接时吸进了焊接烟尘后影响健康，并且在比较狭小的区域焊接时，有可能引起缺氧等问题。所以在焊接时，应做到以下几点：

a. 保持通风良好，使用呼吸防护用具。

b. 设置局部除尘设备，用以防止烟尘等引起的粉尘危害及中毒情况，如图 2-8 所示。

c. 在狭小的区域焊接时，需要有配合监督员，为了防止缺氧，要注意保持良好的通风状态。

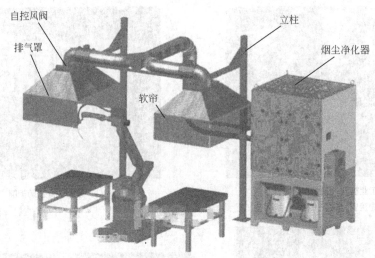

图 2-8　焊接除尘设备

③ 由于飞溅或焊后母材未完全冷却，如果操作不当，容易引起火灾、甚至爆炸等危险，所以要注意以下几点。

a. 禁止在易燃气体附近进行焊接。

b. 电缆的连接位置要固定好，漏出部分必须绝缘。

c. 内部有气体的密闭缸体或管，禁止直接焊接。

④ 气瓶的使用注意事项：

a. 按照操作气瓶的相关规定进行操作。

b. 气瓶要用专用的固定装置固定，如图 2-9 所示。

c. 气瓶要远离热源。

d. 开关气瓶阀时，请勿将脸贴近出气口。

图 2-9　气瓶固定

四、焊接机器人搬运、安装的相关安全注意事项

由于机器人重量较大，在搬运、安装时，需要使用天车或叉车。使用这些机器时，需要认真阅读说明书，确认可搬运重量。在工作时，需要有使用资格，并且请注意周围环境。

1. 用天车搬运的方法

① 确认紧固好吊环螺钉，放置到安全状态，必须按照安全标准用两根吊带吊装，而且采用正确的吊装方式，避免滑脱发生事故。

② 在搬运前，需要确认安装场所的机器人和工作台是否已经设置好。

③ 在吊起机器人时，请勿接触机器人，不要使天车从人头顶经过，也不要站在搬运要经过的区域下方，如图 2-10 所示。

图 2-10 机器人吊装安全

2. 用叉车搬运方法

叉车搬运时，要使用功率和铲长足够的叉车；应直接搬运木箱包装的物体；搬运过程中，固定好机器人或控制箱，防止滚翻或滑落，如图 2-11 所示。暂时放置时，放置在稳固的位置，禁止其他无关人员接触。

图 2-11 叉车使用

五、焊接机器人示教作业的安全注意事项

示教作业的基本操作是正确持握示教器，在安全护栏外进行作业。但有时必须在机器人本体附近或安全护栏内进行工作时，会增加事故的发生率，所以要严格按照操作要求进行示教作业。

1. 操作前的确认

示教作业前，为了防止其他人员误操作各个按钮，应有"正在示教"的警示牌或警示灯等预防措施。操作前，应该确认以下几点。

① 编程人员应目视检察机器人系统及安全区，确认无引发危险的外在因素存在；检查示教盒，确认能正常操作；开始编程前要排除任何错误和故障；检查示教模式下的运动速度，在示教模式

下，机器人控制点的最大运动速度限制在 15m/min（25mm/s）以内，当用户进入示教模式后，请确认机器人的运动速度是否被正确限定；正确使用安全开关，如图 2-12（a）所示。

② 在紧急情况下，放开开关或用力按下可使机器人紧急停止。开始操作前，请检查确认安全开关是否起作用；请确认在操作过程中以正确方式握住示教盒，以便随时采取措施；正确使用紧急停止开关，紧急停止开关位于示教盒的右上角，如图 2-12（b）所示，开始操作前，请确认紧急停止开关起作用；请检查确认所有的外部紧急停止开关都能正常工作，如果用户离开示教盒进行其他操作时，请按下示教盒上的紧急停止开关，以确保安全。

（a）安全开关

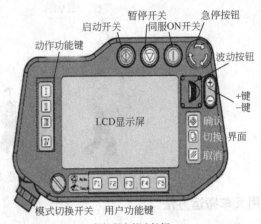
（b）紧急停止按钮

图 2-12　安全开关和紧急停止按钮

2. 安全护栏内的示教作业

需要进入安全护栏内操作时，在进入前要完成准备工作，确定工作范围，限制在最小的作业范围内，在自动运行时，禁止进入安全护栏内。进入安全护栏内操作时，要注意以下几点。

① 确认出入口的安全保护装置能否正常工作。

② 在安全护栏外，要有监督人员。

③ 保持正面观察机器人进行示教，如图 2-13 所示。

④ 确认脚下安全，请勿将站的位置设置过高。

图 2-13　正面观察机器人进行示教

3. 安全监督员的任务

① 安全监督员站在可以看到整个机器人系统的位置，监督工作人员的操作情况。

② 保持随时能够按下紧急停止按钮的姿势。

③ 禁止进入机器人的动作范围内，严格监督。

4. 其他注意事项

① 中断示教时，应按下紧急停止按钮。

② 不移动机器人手臂进行编程时，要预先切断伺服电源。

③ 示教器和线缆不能放置在变位机上，应随手携带或挂在操作位置。

④ 在合作工作时，为确保安全，要采取合适的方法，如果周围有噪声，要打手势或使用便携式通话机，确保能够将确切的意思准确传达，以确保安全。

六、焊接机器人运行时相关的安全注意事项

1. 打开电源时的注意事项

打开电源前，要确认以下问题。

① 安全护栏内，不得有人员逗留。

② 辅助保护设备（遮光、防护、卡具等），是否放到正确位置。

③ 逐个打开电源，随时观察机器人状态。

④ 确认警示灯正常运行。

⑤ 确认紧急停止按钮的位置和功能。

2. 工作时的注意事项

① 工作前，要进行点检，确认所有安全保护装置是否有效。

② 打开机器人总开关后，必须先检查机器人在不在原点位置，严禁打开机器人总开关后，机器人不在原点时按启动按钮启动机器人。

③ 打开机器人总开关后，检查外部控制器外部急停按钮有没有按下去，如果按下去了就先打上来，然后点亮示教器上的伺服灯，再去按启动按钮启动机器人。严禁打开机器人总开关后，外部急停按钮按下去生效时，按启动按钮启动机器人。在机器人运行中，需要机器人停下来时，可以按外部急停按钮、暂停按钮、示教器上的急停按钮，如需再继续工作时，可以按复位按钮让机器人继续工作。

④ 在机器人运行暂停下来修改程序的情况下，选择手动模式后进行修改程序，当改完程序后，一定要注意程序上的光标必须和机器人现有的位置一致，然后再选择自动模式，点亮伺服灯，按复位按钮让机器人继续工作。

⑤ 关闭机器人电源前，不用按外部急停按钮，可以直接关闭机器人电源。

⑥ 当发生故障或报警时，请把报警代码和内容记录下，以便向专业技术人员提供以解决问题。

七、维护、点检的相关安全注意事项

焊接机器人要定期进行维护、点检工作，进行维护点检工作的人员，必须由非常了解机器人及其系统安全保护装置和紧急应对处理方法的专业人员担任。

1. 维护、点检前的安全确认

① 维护、点检前，必须切断所有相连电器的电源。并且应锁住电源主开关，悬挂"禁止打开电源"的标示，以防止其他无关人员打开电源，发生危险。

② 切断电源开关后，等 5min 以上，将电容器内的电量放净。

③ 保证紧急停止按钮在自己身边，并且连接正常，以便随时停止机器人动作。

④ 进入机器人运行范围，必须将其他人员隔离，不得操作机器人系统，并确认有能够紧急退避的安全区。

2. 机器人的拆解、组装

发现有损伤的零件时，要及时修理或更换，但必须由专业人员操作。拆除机器人零件时，要防止机器人臂坠落，必须采取措施加以固定，并且使用合理的夹具与设备。在点检后，要确认是否有未安装的零件，工具是否放回原处。

3. 维护、点检后的安全确认

维护、点检结束后，在运行前，要确认以下事项。

① 关好拆除的防护罩或防护门。

② 确认有没有未安装的零件。

③ 将安全护栏恢复到原来状态，确保其安全保护作用。

【阅读材料】 安装、设置时的安全注意事项

（1）严格按照使用说明设置安装环境

① 无阳光直射，远离热源（焊接电源等）。环境温度要求：工作温度 0～45℃；运输储存温度-10～60℃；相对湿度要求：20%～80%RH。

② 机器人工作区域需有防护措施（安全围栏），要有足够的维护保养和拆卸的空间。

③ 设备安装要求要远离撞击和振源，振动等级必须低于 0.5g（4.9m/s²）。机器人附近不能有强的电子噪声源。

④ 环境必须没有易燃、易腐蚀液体或气体；灰尘、泥土、油雾、水蒸气等必须保持在最小限度，室内焊接时由于粉尘危害，所以局部应该设置除尘设备。

⑤ 安装在与电源相近的位置。

（2）控制箱的放置场所

机器人控制电源的箱体密闭，在箱体内部安装了热交换器进行冷却，因此在放置时应注意：

① 放置在安全护栏之外，方便维修保养的位置。

② 放置在操作时可以看到机器人本体，进行安全操作的位置。

③ 放置在不影响控制器散热的位置，距离墙壁一定距离，如图 2-14 所示，并且不要堵塞散热孔。

（3）机器人本体的安装

由于机器人高速运行，因此安装基座要求稳定，能够承受重物。

（4）安全护栏的设置

机器人本体四周必须安装安全护栏，安全护栏要求如图 2-15 所示。安全护栏要求拆装方便，不易翻越；能够承受工作中或意外时，可能产生的冲击，振动；必须有连锁装置，安全护栏的门一打开，机器人应该马上停止运转。

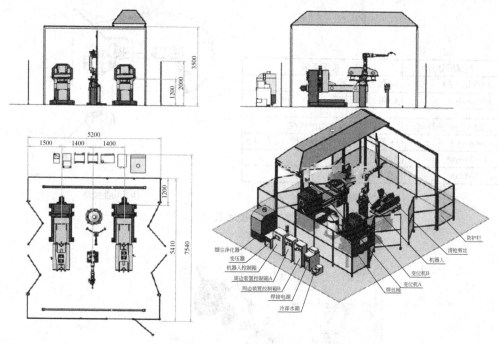

图 2-14　安装场地设置

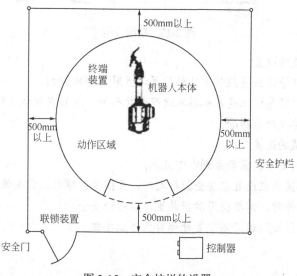

图 2-15　安全护栏的设置

（5）接地设置

为了防止触电，必须安装保护接地，安装工作必须由具有电工资格的专业人员进行。在使用 TIG 焊接、等离子弧焊接、等离子弧切割等高频振荡回路系统中或在高频噪声的环境中使用机器人时，使用功能接地，可以减轻危害，方法与保护接地相同，如图 2-16 所示。

（6）配线

必须确保电压较高的电源配线安全，必须将机器人配线与噪声源隔离。配线不应该妨碍作业人员正常工作，应将电线槽隔离并加盖防护；并且不能与电焊机等含有噪声的电缆相平行；也不允许在电焊机下走线，如图 2-17 所示。

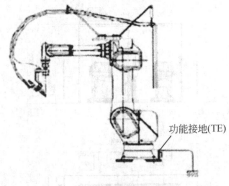

机械的划分	接地工事
300V以下的	D种接地(旧第三种接地)
超过300V的	C种接地(旧特殊第三种接地)

输入侧电缆粗细	接地电缆的粗细
14mm²以下	不低于输入侧的同等电缆
14～38mm²	14mm²
超过38mm²	输入侧电缆的1/2以上

（a）保护接地　　　　　　　　　　　　　　（b）功能接地

图 2-16　接地工作

图 2-17　配线安装

（7）紧急停止开关的设置

在装卸件的出入口等作业员经常工作的位置设置紧急停止按钮。

提示：注意当外部紧急停止是在机器人运行时执行的，必须在确认了机器人系统整体的安全情况后，连接附属短路线后再解除。

（8）工件搬运区域的设置

为确保工作人员的安全，需要做到以下几点。

① 装件、卸件的区域应设置在安全护栏之外，在搬运困难时，需要使用变位机。

② 手动装件、卸件时，需要使用防护装置，以确保安全。

③ 装件、卸件的区域附近必须设置外部紧急停止按钮。

【任务实施】

项目任务书 2-1

任务名	焊接机器人示教作业安全要求		
指导教师		工作组员	
工作时间		工作地点	
任务目标		考核点	
掌握焊接机器人示教作业的安全要求		示教器安全按钮的认识及使用	

任务内容

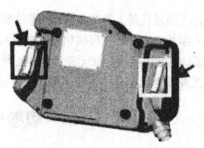

图 2-18 示教器

1. 图 2-18 中箭头指示位置的名称和作用	
2. 示教前需要确认的内容	
3. 示教时，需要注意的安全事项	

项目完成情况总结

自我表现评价	
指导教师评价	

【任务小结】

焊接机器人能够代替人类在危险、有害的恶劣环境中作业，同时又带来了另一种潜在的危险，即机器人伤人事故。为此，在焊接机器人在线运行时，绝对不能有人进入其运动安全范围所在区域，并且其运动区域内应该保证无干涉，这是焊接机器人安全管理的最为重要的一条原则。此外，除了通用的工业安全规程外，还要注意焊接机器人的特殊性，采取相应可靠的对策。

思考与练习

1. 在示教模式下，机器人控制点的最大运动速度限制在_____以内。
2. 解释下列标示。

3. 焊接机器人工作时的安全注意事项有哪些？

任务二　认识和使用示教器

【任务描述】

操作者通过示教器完成对机器人的示教过程，产生的示教数据（如轨迹数据、作业条件、作业顺序等）及机器人指令都将以程序的形式保存下来。所以，示教器是操作者与焊接机器人的交流工具，正确使用示教器才能完成示教-再现的工作，让焊接机器人实现自动焊接。

【任务分析】

操作人员需要通过示教器对焊接机器人发出指令，所以必须熟悉示教器上的各个按键及功能，有了示教器的知识作为基础，可以帮助操作员更好更熟练地进行示教器的使用，进行编程，高效地操作焊接机器人。

【知识储备】

机器人实际运行的同时会记录下动作，并能够重复运行动作的方式称为示教再现式。松下机器人就是一种示教再现式。

一、Panasonic 机器人概况

Panasonic 工业机器人的基本类型包括 TA 系列和 TB 系列，如图 2-19 所示。TA 系列是焊枪电缆外置式机器人，该类型的机器人本体具有 RT（回转）、UA（抬臂）、FA（前伸）、RW（手腕旋转）、BW（手腕弯曲）和 TW（手腕扭转）六个独立旋转关节，如图 2-20 所示。每个关节都由伺服电动机驱动（配有数字旋转编码器），保证了每个轴的灵巧运动及位置的精准程度。松下机器人根据手臂伸展形式分类，可分为：TA1000、TA1400、TA1600、TA1800 和 TA1900 五种类型。常备库存通常为 TA1400 和 TA1800，TA1600 可以根据订单进行生产。

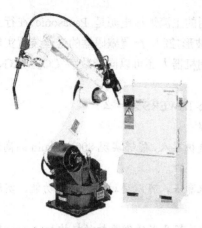

(a) TA-1400 焊接机器人

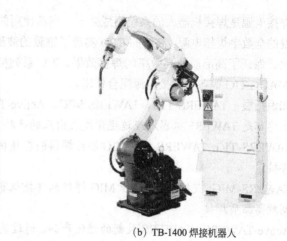

(b) TB-1400 焊接机器人

图 2-19 TA 系列和 TB 系列机器人

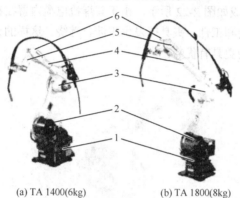

(a) TA 1400(6kg)   (b) TA 1800(8kg)

图 2-20 Panasonic TA 系列机器人本体六个关节

1—RT 轴；2—UA 轴；3—FA 轴；4—RW 轴；5—TW 轴；6—BW 轴

目前松下公司为焊接机器人配置销售的控制器型号有 GⅡ、GⅢ、WG 和 WGH。其中 GⅡ 和 GⅢ为工业通用机器人的控制器型号，如图 2-21 所示。

（a）GⅡ控制柜和示教器

（b）GⅢ控制柜和示教器

图 2-21 Panasonic 机器人控制器

焊接电源是焊接机器人的系统组成之一。当前使用的主流焊接电源是 Panasonic 在行业内率先开发的全数字焊接电源，高速的 CPU 实现了细致的波形控制，配置编码器的送丝装置实现了稳定送丝、保证了高品质及高效率的焊接效果。TA 系列机器人还可以同全数字 CO_2/MAG、脉冲 MIG/MAG、TIG 等各种焊接电源配合使用。

知识拓展：TAWERS-TIG、TAWERS-MIG、Active-TAWERS 是什么？

这些都是 TAWERS 机器人经过进化发展出来的产品。

TAWERS-TIG: TAWERS 执行 TIG 添丝焊接的焊接机器人，能够实现 800mm/min 的高速 TIG 添丝焊接。

TAWERS-MIG: TAWERS 执行 MIG 焊接的焊接机器人，可以通过多种软件功能，实现铝合金的高效高品质焊接。

Active-TAWERS: TAWERS 最新的进化产品，通过最新开发的伺服拉丝机构和 Active 软件实现碳钢和不锈钢的极低飞溅焊接。

TB 系列机器人系统组成如图 2-22 所示。由于其焊枪电缆内置在机器人手臂中，所以此系列的焊接机器人在运行时不会和工件、夹具等发生干涉、缠绕。这样的设计在焊接管件、内侧焊缝或两台机器人一起使用时会更具有优势。

图 2-22　松下 TB1400 GⅢ机器人

二、示教器及其功能

示教-再现型机器人的操作基本是通过示教器来完成的，所以，想要正确操作机器人必须要先掌握示教器各个开关的功能和操作方法。示教器主要由液晶显示屏幕和操作按钮组成。

1. 按钮配置和功能

示教器上配置了一系列的操作按钮，可用于焊接机器人示教编程使用。Panasonic GⅡ 和 GⅢ 示教器按钮分布如图 2-23 和图 2-24 所示。经过观察对比发现，两者在按键配置方面基本相同，但也存在着一定的差别。GⅢ示教器的【动作功能键】比 GⅡ示教器的多一排，【用户功能键】比 GⅡ示教器的多一个。各按钮名称及其功能见表 2-1。

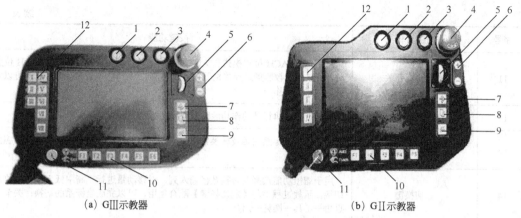

（a）GⅢ示教器　　　　　　　　　　（b）GⅡ示教器

图 2-23　Panasonic 示教器按钮分布（正面）

1—启动开关；2—暂停开关；3—伺服 ON 开关；4—紧急停止开关；5—拨动按钮；6—+/-键；7—登录键；
8—窗口切换键；9—取消键；10—用户功能键；11—模式切换开关；12—动作功能键

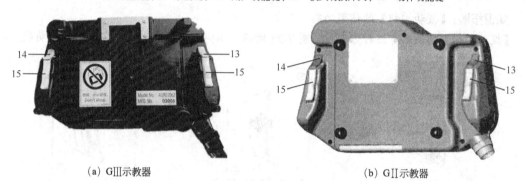

（a）GⅢ示教器　　　　　　　　　　（b）GⅡ示教器

图 2-24 Panasonic 示教器按钮分布（背面）

13—左切换键；14—右切换键；15—安全开关

表 2-1　示教器按键名称及功能说明

序号	按键名称	按键功能
1	启动开关	用于在运行（AUTO）模式下，启动或重启机器人的操作
2	暂停开关	在伺服电源打开的状态下暂停机器人运行
3	伺服 ON 开关	用于打开伺服电源
4	紧急停止开关	用于紧急停止机器人及外部轴运行，同时伺服电源立即关闭。顺时针方向旋转后即可解除紧急停止状态
5	拨动按钮	用于机器人外部轴的旋转、手臂的移动、数据的选定和移动、光标的移动
6	+/-键	可以代替【拨动按钮】，连续移动机器人手臂
7	登录键	示教时用于登录示教点，以及保存或指定一个选择，登录、确定窗口上的项目
8	窗口切换键	在示教器上显示多个窗口时，用于进行窗口的切换，并可以在激活窗口的菜单图标与编辑窗口之间进行切换
9	取消键	用于取消当前操作，返回上一界面
10	用户功能键	用于执行【用户功能键】上侧每个按钮图标所显示的功能

序号	按键名称	按键功能
11	模式切换开关	用于在 TEACH 位置模式和 AUTO 模式间进行切换，开关置于 TEACH 位置时，可以用示教器操纵焊接机器人。开关置于 AUTO 位置时，焊接机器可以实现自动运行操作
12	动作功能键	用于选择或执行【动作功能键】右侧图标所显示的动作、功能
13	左切换键	用于切换坐标系的轴及转换数值输入列，轴的默认切换顺序为基本轴—腕部轴—外部轴
14	右切换键	用于缩短功能选择及转换数值输入列，对移动量进行"高中低"三个挡位的切换。示教过程中与【左切换键】配合使用，可以完成坐标系的切换：关节—直角—工具—圆柱—用户
15	安全开关	用于确保操作人员的安全，轻按一个或两个开关可以打开伺服电源，当两个开关同时释放或同时用力按下时，可以切断伺服电源

知识拓展：【拨动按钮】的使用功能

【拨动按钮】的使用有三种方式，如图 2-25 所示。不同的使用方式可以实现不同的功能。

(a) 上/下微动 　　　　 (b) 侧击 　　　　 (c) 拖动

图 2-25 拨动按钮的使用

当【拨动按钮】上下微动时（向上微动：+方向；向下微动：−方向）：

① 移动机器人手臂或外部轴。

② 移动屏幕上光标的位置。

③ 改变数据或选择一个选项。

当【拨动按钮】侧击时：

可以进行指定项目的选择和保存，也可以作为 "确认" 使用。

当【拨动按钮】拖动时：

① 保持机器人手臂的当前操作状态。

② 按住后【拨动按钮】旋转量决定变化量。

2. 示教器屏幕上的操作

为了便于操作，示教器设计了屏幕操作的功能。示教器画面显示提供了一系列具有各项功能的图标，借助屏幕上图标的功能可以实现程序创建、保存、焊接参数设定等工作。如图 2-26 所示，Panasonic 示教器的整个显示屏可分为如下：菜单图标栏、信息提示窗、程序编辑区、用户功能图标区、动作功能图标区、标题栏和状态栏七个显示区域。Panasonic 示教器菜单图标栏一级菜单常用图标名称及其功能见表 2-2。

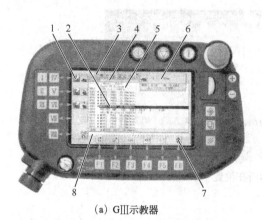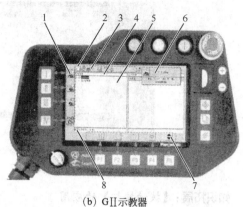

(a) GⅢ示教器　　　　　　　　　　(b) GⅡ示教器

图 2-26　松下示教器屏幕画面

1—动作功能图标区；2—光标；3—菜单图标栏；4—标题栏；5—程序编辑区；
6—信息提示窗；7—用户功能图标区；8—状态栏

表 2-2　**Panasonic 示教器菜单图标栏一级菜单常用图标名称及其功能**

序号	图标	名称	功能简介
1	R	文件	用于程序文件的新建、保存、删除、发送等操作
2		编辑	用于执行程序命令：复制、粘贴、剪切、替换、查找等操作
3		设定	用于对设备的设定，设定机器人、示教器、弧焊电源、控制柜等参数
4	OUT	命令追加	用于在程序中追加指令，如次序指令、焊接指令、运算指令等
5		视图	用于显示各种状态信息，如状态输入或输出、位置坐标、焊接参数等

3. 使用示教器

（1）光标移动

可以向上或向下拨动【拨动按钮】移动光标，光标的位置由蓝色粗线轮廓或反白显示表示，如图 2-27 所示。

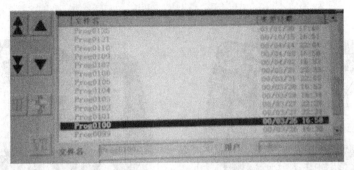

图 2-27　光标所在位置

知识拓展：【拨动按钮】的应用

● 侧击【拨动按钮】显示子菜单项目或下拉列表。另外，该操作还可以切换到保存或更新数据窗口。

● 在保存或更新数据窗口中，上/下微调【拨动按钮】移动光标，然后侧击它可以定义数据或移到下一个画面。

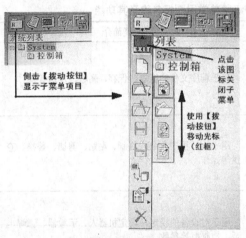

图 2-28　选择菜单流程

② 向上或向下拨动【拨动按钮】可以修改数值。

（2）选择菜单

使用【拨动按钮】选择某一菜单或子菜单选项，如图 2-28 所示。具体操作流程如下。

① 侧击【拨动按钮】显示子菜单项目。

② 上/下转动【拨动按钮】移动光标至所选项目处。

③ 侧击【拨动按钮】，确定项目的选择。

（3）数值输入

在数字输入界面中，将光标移动至准备输入数字的项目上，侧击【拨动按钮】将显示数字输入窗口，如图 2-29 所示。具体操作流程如下。

① 使用【左右切换键】移动光标，可以切换数字输入位置。

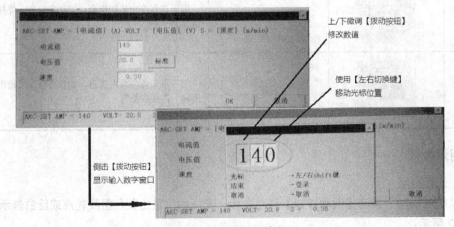

图 2-29　数值输入流程

知识拓展：

● 单击 ⇨【登录键】可以关闭窗口同时保存所修改的数值。

● 单击 ∥【取消键】可以不保存所修改的数值，直接关闭窗口。

● 移动光标至【OK】按钮或【YES】按钮+侧击【拨动按钮】=直接按 ⇨ 。

● 移动光标至【取消】按钮或【NO】按钮+侧击【拨动按钮】=直接按 ∥ 。

（4）字母输入

字母输入是在字母输入画面中将光标移动至准备输入字母的位置上，侧击【拨动按钮】显示字母输入窗口。字母输入图标（软键盘）显示在【动作功能键】右侧，包括大小写字母、数字、符号，如图 2-30 所示。

a. 按【动作功能键】可以切换软键盘，若要选择"小写字母软键盘"，单击图标 a 对应的功能键即可实现。

b. 向上或向下微调【拨动按钮】可以选择输入项。

c. 单击 ⇨ 可以关闭窗口同时保存输入内容。

d. 单击 ∥ 可以不保存输入内容，直接关闭窗口。

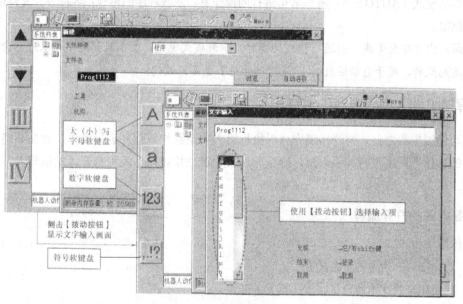

图 2-30　字母输入流程

（5）获取帮助

在使用示教器对机器人进行示教编程的过程中，操作员有时会避免不了地遇到一些错误和警告，可以通过【帮助】解决这些问题。通过单击显示屏右上角的图标 ❓【帮助】能够获得在线帮助信息。

a. 将光标移动至图标 ❓【帮助】上，侧击【拨动按钮】显示帮助窗口，如图 2-31 所示。

b. 单击 ▣【窗口切换键】可以关闭帮助窗口，返回前一个操作窗口。

（6）选择模式

Panasonic 机器人示教器为操作者提供了两种动作模式选择："TEACH"示教模式和"AUTO"自动模式。

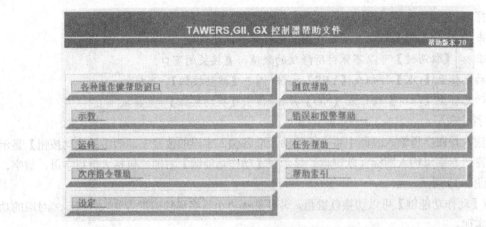

图 2-31　Panasonic 机器人帮助系统界面

在示教模式（TEACH）下，操作者可进行的操作有：编辑、示教（跟踪）作业程序；修改已登录的作业程序；各种特性文件（如起弧、收弧文件）和参数的设定。

在自动模式（AUTO）下，操作者可进行的操作有：示教程序的再现；各种条件文件的设定、修改或删除。

提示： 出于安全考虑，当进行模式切换时，示教模式优先。在示教模式下，从外部设备输入的信号是无效的，用于自动运行的◇【启动开关】也是无效的。

三、焊接机器人伺服电源的打开和关闭

启动伺服电源之前，要严格遵守《焊接机器人安全操作规程》进行操作，首先要确定焊接机器人的工作范围内没有其他人员，确认无误后才可以按照操作流程打开焊接机器人各轴的伺服电源。

1. 伺服电源的打开流程

具体操作如下：

① 首先闭合一次电源设备的开关。

② 然后闭合二次电源设备（变压器）的开关。

③ 接下来打开焊接电源及其他附属设备的电源（电源内藏型除外）。

④ 完成以上步骤后，打开焊接机器人控制器的电源。系统开始向示教器传输数据，传输完毕后即进入可操作状态。

⑤ 登录系统，输入用户 ID 及口令，如图 2-32 所示（自动登录方式除外）。

⑥ 焊接机器人系统被打开，呈现的是系统的初始画面，如图 2-33 所示。

⑦ 当操作员选择示教模式时，需轻轻握住【安全开关】至⊕【伺服 ON 按钮】指示灯闪烁。这时按下⊕，指示常灯亮，说明伺服电源已接通。

⑧ 当操作员选择自动模式时，可以直接按下⊕，此时指示常灯亮，说明伺服电源已经接通。

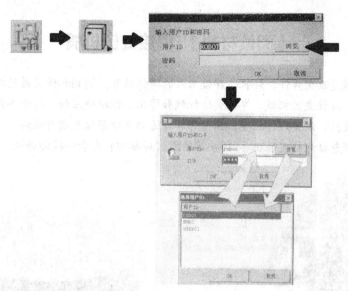

图 2-32 Panasonic 机器人登录

图 2-33 Panasonic 机器人 GⅢ示教器系统初始界面

知识拓展：Panasonic 机器人系统自动登录设置

步骤如下：【设定】→【管理工具】→【用户管理】→【自动登录】→在弹出窗口中，将自动登录设置为"有效"。

根据实际情况设定不同的用户级别对用户进行分级管理，可以保护机器人的数据，使其不受损坏。机器人用户管理级别可分为三级，适用于不同的对象，拥有不同的权限，如表 2-3 所示。

表 2-3 机器人用户管理

用户级别	适用对象	权限范围
操作工	机器人操作工	运行
程序员	机器人示教工	运行、示教
系统管理员	机器人系统管理负责人	运行、示教、设定

2. 伺服电源的关闭流程

当焊机机器人系统关闭时，其顺序与打开顺序完全相反。在关闭过程中还需要注意几点事项。

① 关闭控制器电源后，应等待 3s 以上时间后，才能再次重新打开控制器电源。

② 关闭焊接机器人系统前，需确保已经关闭气瓶，并且释放了气体调节器的压力。

【阅读材料】 焊接变位机械

焊接变位机械是改变焊件、焊机、焊接工人的操作位置，达到和保持最佳焊接位置的机械设备。其类型包括：焊件变位机械、焊机变位机械和焊工变位机械三种。其中焊件变位机械经常与焊接机器人配合使用，改变焊件位置，使待焊焊缝运动至理想位置进行施焊。

焊接变位机械包括焊接变位机、焊接滚轮架、焊接回转台和焊接翻转机，如图 2-34 所示。

(a) 焊接变位机

(b) 焊接回转台

(c) 焊接滚轮架

(d) 焊接翻转机

图 2-34　焊接变位机械

在国际上，包括各种功能的产品在内，有百余系列。在技术上有普通型的，有无隙传动伺服控制型的；产品的额定负荷范围达到 0.1～18000 kN。可以说，焊接变位机是一个品种多，技术水平不低，小、中、大发展齐全的产品。

在我国，焊接变位机也已悄然成为制造业的一种不可缺少的设备，在焊接领域它被划为焊接辅机。在机器人焊接领域更是获得了广泛的应用。就型式系列和品种规格而言，有十余个系列，百余品种规格，已形成一个全新的行业。

一般说来，生产焊接操作机、滚轮架、焊接系统及其他焊接设备的厂家，大都生产焊接变位机；生产焊接机器人的厂家，大都生产机器人配套的焊接变位机。但是，以焊接变位机为主导产品的企业则很少，典型的生产焊接变位机的企业有德国 Severt 公司，美国 Aroson 公司等。而德国的 CLOOS、奥地利 IGM、日本松下机器人公司等，都生产伺服控制与机器人配套的焊接变位机。

【任务实施】

项目任务书 2-2

任务名	认识示数器		
指导教师		工作组员	
工作时间		工作地点	
任务目标		考核点	
了解 Panasonic 机器人概况 熟悉示教器的各个按键及功能 能够使用示教器		示教器的按键及功能 打开和关闭伺服电源	
任务内容			

1. 根据图 2-35 指出各个按钮的名称及功能

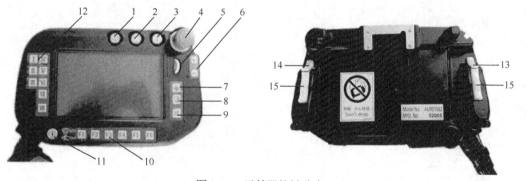

图 2-35　示教器按键分布

序号	按键名称	按键功能
1		
2		
3		
4		
5		
6		
7		
8		
9		

10		
11		
12		
13		
14		
15		

2. 简述打开焊接机器人伺服电源的操作流程

操作流程如下:

项目完成情况总结	
自我表现评价	
指导教师评价	

【任务小结】

对于焊接机器人不仅要了解其类型、配置等基本情况，更要从其实施操作的示教器入手，熟悉示教器上的按键和功能，并且能正确使用这些功能，能够安全正确地启动焊接机器人，并具备编制程序、准确操作焊接机器人实现焊接的能力。

思考与练习

1. TA 系列焊接机器人本体具有＿＿＿＿＿＿（回转）、＿＿＿＿＿＿（抬臂）、＿＿＿＿＿＿（前伸）、＿＿＿＿＿＿（手腕旋转）、＿＿＿＿＿＿（手腕弯曲）和＿＿＿＿＿＿（手腕扭转）六个独立旋转关节。

2. 模式切换开关可以用于在＿＿＿＿＿＿模式和＿＿＿＿＿＿模式间进行切换，开关置于＿＿＿＿＿＿位置时，可以用示教器操纵焊接机器人。开关置于＿＿＿＿＿＿位置时，焊接机器可以实现自动运行操作。

3. 示教器画面显示提供了一系列具有各项功能的图标，其中名为"文件"的图标 具有的功能是＿＿＿＿＿＿＿＿＿＿＿＿＿＿＿＿＿＿＿＿＿＿＿＿＿＿＿。

任务三　程序的创建、打开与关闭

【任务描述】

程序是把机器人的作业内容用机器人语言加以描述的示教。示教操作过程中，产生的示教数据（如轨迹数据、作业条件、作业顺序等）及机器人指令都将保存在程序中。当机器人自动运行时，会执行保存的程序，从而能够再现所记忆的动作。为了完成薄板对接接头平焊的机器人焊接，在操作机器人前需新建一个程序，以保存示教数据和运动指令。

【任务分析】

在熟悉了示教器各项按键及功能的基础上，运用示教器上的按键和屏显上的图标完成新程序文件的创建，并根据实际情况及时进行保存。针对系统中已有的程序也可以在需要时，使用示教器将其打开，编辑完毕后可以正确关闭程序。通过对示教器的熟练操作，为焊接机器人的焊接示教做好前期准备。

【知识储备】

一、新建程序

新建一个文件名为"test 或 Prog0138"的程序。

提示：文件名最多可使用 28 个半角英文字母或数字。

具体操作流程如下。

步骤一，将示教器的【模式切换开关】放置于"TEACH"位置上，设定为示教模式。

步骤二，将光标移动至菜单图标 R. 【文件】处→侧击【拨动按钮】，弹出子菜单→在弹出的子菜单项目上单击 ▢ 【新建】，弹出"新建"窗口，如图 2-36 所示。

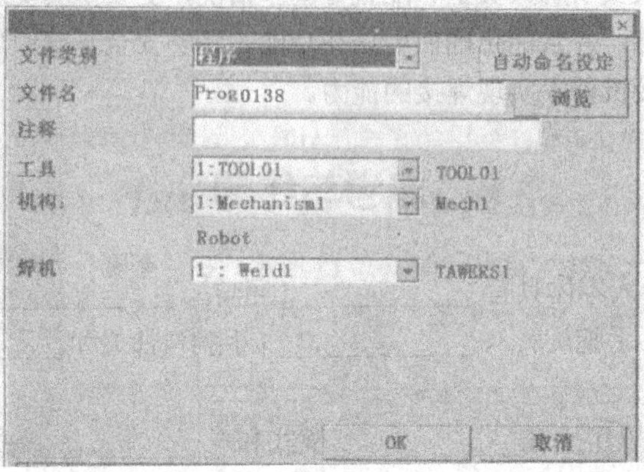

文件类别	程序		自动命名设定
文件名	Prog0138		浏览
注释		
工具	1:TOOL01	TOOL01
机构	1:Mechanism1	Mech1
	Robot	
焊机	1 : Weld1	TAWERS1

OK　　取消

(a) GⅢ机器人

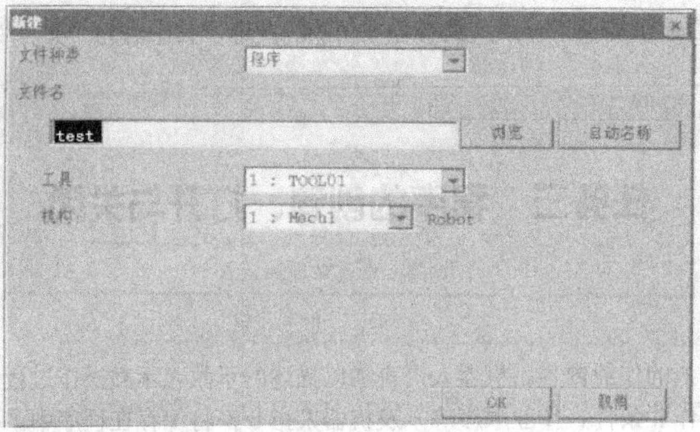

新建

文件种类	程序	
文件名		
test		浏览　自动名称
工具	1 : TOOL01	
机构	1 : Mech1	Robot

OK　　取消

(b) GⅡ机器人

图 2-36 新建窗口界面

步骤三，在"新建"界面中有文件种类、文件名、工具、机构等信息，可以根据实际情况需要进行设定。文件种类选"程序"，运用文字输入操作输入文件名"test 或 Prog0138"，其他选项保持默认不变。

提示：此时应注意光标当前所在的位置。

步骤四，在设定了窗口内容后，单击【OK】或按 ⬒ ，程序将被登录到系统控制器中，示教屏幕上将显示程序编辑窗口，如图 2-37 所示。系统会自动生成"Begin Of Program"和"End Of Program"程序架构。

通过以上步骤的操作，即可完成一个新文件的创建。企业大批量生产产品时，可能会重复使用同一个文件程序，为了便于在日后的生产过程中提高生产效率，随时调用已编辑的程序，可以在设置完毕后将文件程序进行保存。

知识拓展： "新建"界面中信息设置简介

● 文件种类/类别：可以让操作者指定文件所属类别。文件类别包括：程序（移动命令或次序命令登录等使用的文件）、焊接开始（通过焊接开始次序命令登录调出命令的文件）、焊接结束（通过焊接结束次序命令登录调出命令的文件）三种文件类型。

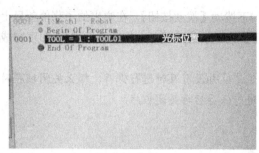

(a) GⅢ机器人　　　　　　　　　　　(b) GⅡ机器人

图 2-37　程序编辑窗口界面

● 工具：机器人手臂自由端安装有工具，如焊枪等，可以通过此选项选择登录了该工具数据的工具编号（原始出厂设置时登录了标准工具号"1"）。

● 机构：用于选择示教对象的机构。出厂时机器人单体登录为"1: Mech1"或"1: Mechanism1"。

● 注释：用于描述文件中的内容。

二、保存程序

保存新创建的"Prog0138"程序。

具体操作流程如下。

步骤一，单击按键 🔲，将光标移动至菜单图标 R 处（**提示**：如果光标已在 R 图标上时则无需此步骤）。

步骤二，侧击【拨动按钮】，弹出子菜单→上/下拨动【拨动按钮】，在弹出的子菜单项目上将光标移动到图标 💾【保存】处，侧击【拨动按钮】选择子菜单项目上的此图标 💾，弹出"程序保存"确认窗口，如图 2-38 所示。

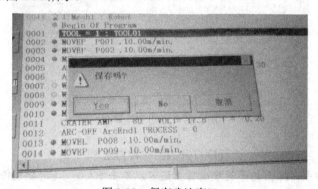

图 2-38　保存确认窗口

步骤三，单击【YES】或点击按键 ⬦ 即可完成程序的保存。

三、程序关闭

程序编辑完成后，经过保存操作即可留存在系统中，完成保存后，便可以实施关闭新建立的"Prog0138"程序。

操作流程如下。

步骤一，单击按键 🔲 将光标移动至菜单图标 R 处（**提示：如果光标已在 R 图标上时则无需**此步骤）。

步骤二，侧击【拨动按钮】，弹出子菜单→上/下拨动【拨动按钮】，在弹出的子菜单项目上将光标移动到图标 🔺【关闭】处，侧击【拨动按钮】选择子菜单项目上的此图标 🔺，即可完成关闭程序。

提示：如果操作者在关闭程序前对文件进行了修改却没有及时进行保存，那么关闭程序时将会弹出"程序保存"确认窗口，操作者此时可以进行保存后再关闭程序。

四、程序打开

如果关闭的程序还需要打开时，操作者可以遵循下列步骤进行操作，即可打开刚刚关闭的"Prog0138"程序。

具体操作流程如下。

步骤一，单击按键 🔲 将光标移动至菜单图标 R 处（**提示：如果光标已在 R 图标上时则无需**此步骤）。

步骤二，选择 R 菜单上的图标 🔺【打开】→侧击【拨动按钮】，弹出子菜单→在弹出的子菜单项目上单击图标 📄【程序文件】，弹出"文件浏览表"窗口。

步骤三，上/下微调【拨动按钮】将选择光条的位置放置于需要的程序文件处，如图 2-39 所示。确认无误后可以单击 ⇨ 按键或单击【OK】，在示教器屏幕上，程序编辑窗口就可显示出程序的内容。程序打开操作完毕。

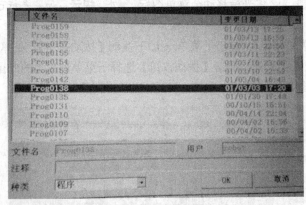

图 2-39　近期文件界面

知识拓展：　　　　　　　　**程序打开的另一种方法**

在步骤二的操作中，弹出的子菜单项目上还可以单击图标 📂【近期文件】，也可以弹出"文件浏览表"窗口，然后进行步骤三的操作，即可打开所需程序文件。但是如果没有近期使用过的文件时，选择框将显示为灰色，将无法进行选择。而且，"打开文件"选择框中最多只能显示六个文件，已打开的文件也将不会在此显示。

【阅读材料】　文件的排列

当打开文件浏览表之后，可以根据需要将文件按照表 2-4 所示的顺序进行排列。

操作流程：

① 单击图标 ![icon] 【排列文件】。

② 选择表 2-4 中排序的标准，单击【OK】。

表 2-4　排序标准

排序标准	排列顺序
文件名（按字母升序排序）	按文件名升序安排
	按文件名降序安排
更改日期（由新到旧）	文件更改日期在后的排在前边
	文件更改日期在前的排在前边
文件大小（由小到大）	文件较小的排在前边
	文件较大的排在前边

注：选择"文件名"（按文件名升序安排）时，将按照记号—数字—字母的顺序排列。
　　选择"文件名"（按文件名降序安排）时，将按照字母—数字—记号的顺序排列。

【任务实施】

项目任务书 2-3

任务名	程序的创建、打开与关闭			
指导教师			工作组员	
工作时间			工作地点	
任务目标			考核点	
熟练使用示教器创建一个新的程序 能够对新创建的程序进行保存、关闭			新建一个机器人程序并保存 打开和关闭已有的机器人程序	

准备工作		
主要设备	辅助工具	参考资料
Panasonic 弧焊机器人 （CO₂ 气体保护焊）	焊接护具	焊接机器人操作指导书
YD-350GR3 数字弧焊电源	常用工具	机器人安全操作规程
备注	实心焊丝　一盘 CO₂ 气体　一瓶（配备导管、调压器等相关设备）	
任务内容		

1. 新建一个名为 new 的机器人程序并保存（图 2-40），并在下方写出操作流程

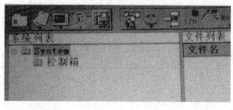

(a)　　　　　　　　　　　　　　　(b)

图 2-40　新建程序

步骤	操作内容	遇到问题
1		
2		
3		
4		
5		
6		

2. 简述打开焊接机器人系统中名为 test 的程序（图 2-41），并在下方写出操作流程

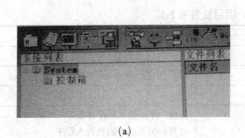

(a)   (b)

图 2-41 打开系统中的程序

步骤	操作内容	遇到问题
1		
2		
3		

项目完成情况总结	
自我表现评价	
指导教师评价	

【任务小结】

程序的创建是程序编辑的开始,能够熟练运用示教器完成程序的创建、打开、关闭及保存是进行焊接机器人示教编程的必备条件,在完成上述工作时,有的工作能够有多重途径,应注意多加练习,在操作过程中更需要严格遵守安全操作规程,确保能够安全实施操作。

思考与练习

1. 新建一个程序时,其文件名最多可使用_____个半角英文字母或数字。

2. 打开名为"test"的程序时,选择 R 菜单上的图标 ,【打开】,侧击【拨动按钮】,在弹出的子菜单项目上单击图标 _____或 _____,都可以弹出"文件浏览表"确认窗口。

3. "打开文件"选择框中最多可以显示_____个文件,已打开的文件将不会在此显示。如果没有近期使用过的文件时,选择框将显示为_____。

实操练习一

焊接机器人平板堆焊示教

【任务描述】

在焊接机器人的操作中,平板表面进行平敷堆焊是最简单易操作的焊接方式。本任务是运用 CO_2 气体作为保护气体,采用直径为 1.2mm、材质为 H08Mn2SiA 的焊丝,在母材为低碳钢的钢板表面进行平敷焊接。平敷堆焊一道熔敷金属即可,通过本次任务的完成,练习焊接机器人的简单示教与编程。

【任务分析】

与平板对接焊缝、T 形角焊缝、管对接环缝的焊接相比较,焊接机器人平板堆焊的示教相对比较容易,平板堆焊示教可以作为示教操作的基础和必修课。完成此操作通常需要六个示教点,每个示教点有其自身的作用。如图 2-42 所示,①作为焊接机器人原点(焊接开始之前);②作为焊接临近点;③作为焊接开始点;④作为焊接结束点;⑤作为焊枪规避点;⑥作为焊接机器人原点(焊接结束之后)。示教操作时按流程完成操作任务,并完成报告中的内容。

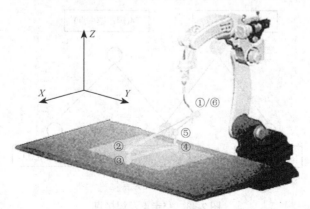

图 2-42 机器人运动轨迹

【知识储备】

一、示教的主要内容

用机器人代替焊工进行焊接作业时，必须预先对机器人发出命令，告知机器人需要执行的动作和作业的具体内容。这些信息基本由运动轨迹、作业条件和作业顺序三部分组成。所以，操作者要实现对机器人的示教，其示教内容只需完成机器人运动轨迹、作业条件和作业顺序的示教即可。

机器人运动轨迹的示教是在作业过程中机器人 TCP 点运动的轨迹。作业示教过程中还要对焊接电流、焊接电压、焊接速度、板厚、焊缝形状、焊脚高度、焊接顺序以及与外部设备的协调等参数进行设置，从而保证良好的焊接质量。

知识拓展：

● TCP 点即工具中心点，未装工具时为手腕末端法兰盘的中心点；安装工具后为焊钳开口的中心点或焊枪的枪尖。

● 目前主要采用 PTP 方式示教各段运动轨迹的端点，而端点之间的 CP 控制由机器人控制系统的规划部分通过插补运算产生。

二、示教点

焊接机器人的动作及顺序通过示教操作记录下来，并可以作为程序保存在机器人内。机器人手臂的动作可登录为一个一个叫作"示教点"的点，示教点的信息包含了示教点的位置、动作方式等信息，并将这一连串的点作为程序进行保存管理。

1. 示教点的属性

示教点决定了焊接机器人手臂的运动。每个示教点包含了以下 4 点信息。

① 位置坐标（当前示教点的位置坐标数据）。

② 移动速度（从前一示教点移动到当前示教点的速度）。

③ 空走/焊接点（从当前示教点移动到下一示教点的过程是否起弧施焊）。

空走点是指从当前示教点移动到下一示教点的整个过程不起弧施焊，主要用于示教不焊接的点和焊接结束点。焊接点是指从当前示教点移动到下一示教点的整个过程需要起弧焊接，主要用于焊接开始点和焊接中间点，如图 2-43 所示。设定为空走点或焊接点决定了机器人从当前示教点移动到下一个示教点的过程是否起弧焊接。

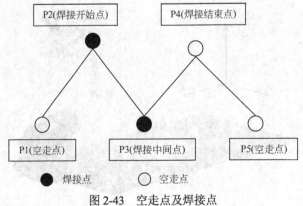

图 2-43　空走点及焊接点

提示：Panasonic 机器人示教器显示的程序中，在命令行前端用蓝色图标○表示空走点，红色图标●表示焊接点。

④ 插补方式（从前一示教点移动到当前示教点的动作类型）。

插补方式决定了机器人是以何种轨迹在示教点之间移动的。操作者示教时，机器人的默认插补方式为"PTP"。Panasonic 焊接机器人示教常用的插补方式有以下五种类型，见表 2-5。

表 2-5 松下机器人的插补方式

插补方式	说明	命令	图示
PTP	通常在示教点①及空走点采用关节插补方式。示教时，未规定采取何种轨迹移动时，使用关节插补	MOVEP	
直线插补	直线插补常被用于直线焊缝的焊接示教。焊接机器人从当前示教点到下一示教点以一条直线方式运行	MOVEL	
圆弧插补	圆弧插补常被用于环形焊缝或有弧度的焊缝的焊接示教。焊接机器人沿着用圆弧插补示教的三个示教点执行圆弧轨迹移动	MOVEC	
直线摆动	在直线轨迹两侧各加入一个振幅点，机器人在直线摆动示教的两个振幅点之间一边摆动一边向前沿直线轨迹移动	MOVELW	
圆弧摆动	在圆弧轨迹两侧各加入一个振幅点，机器人在圆弧摆动示教的两个振幅点之间一边摆动一边向前沿圆弧轨迹移动	MOVECW	

2. 示教点的登录

登录示教点后，机器人姿态和移动方法（插补形态、速度等）也会一同被登录，值得注意的是，此时登录的插补形态和速度为到达该示教点的插补形态和速度。通常，第一个示教点登录为机器人的待机位置。

GⅢ示教器示教点的登录较 GⅡ简单，具体操作步骤如下。

① 新建程序或打开已有程序文件。

② 使用【拨动按钮】，将光标移动至想要登录示教点的前一行。

③ 确认示教内容处于 【追加】状态。

④ 点击【动作功能键Ⅳ】，打开机器人动作图标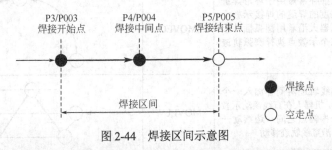（绿灯亮），使机器人处于待机状态。界面下方会显示所追加移动命令（对示教内容进行设定如设定插补形态、动作速度、空走/焊接）。

⑤ 移动机器人至想要登录的位置。

⑥ 按下【右切换键】，对动作功能图标区显示的示教点属性进行选配，点击◇，追加下一个示教点。

知识拓展： GⅡ示教器与 GⅢ示教器示教点的登录操作相比存在一定的差别。前四项操作基本相同，后两项操作存在些许差别。GⅡ示教器登录示教点的操作步骤如下。

①~④与 GⅡ示教器登录示教点的操作表述相同。

⑤ 移动机器人至想要登录的位置，按◇。

⑥ 根据需要，在弹出的示教点登录画面设定选项属性值。按◇或单击界面上的【OK】按键保存示教点。

三、焊接区间的示教

在焊接区间内的示教点有焊接开始点、焊接中间点和焊接结束点。焊接中间点应登录为焊接点，焊接结束点应登录为空走点。以图 2-44 所示的焊接区间为例，图中 P003 是焊接开始点，P004 是焊接中间点，P005 是焊接结束点。从 P003 开始到 P005 结束，焊接区间示教编程的要点及具体示教方法如下。完成的焊接区间示教程序如图 2-45 所示（以 GⅢ机器人为例）。

图 2-44　焊接区间示意图

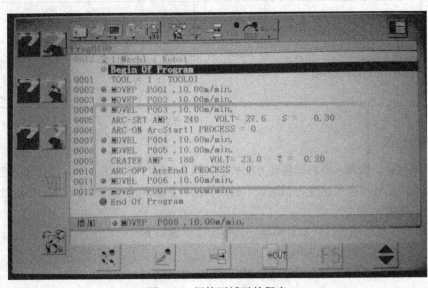

图 2-45　焊接区域示教程序

1. P003 示教点（焊接开始点）

① 将机器人移动到焊接开始点。

② 将示教点属性设定为 ⟋（焊接点）。

③ 按 ⇨ 保存示教点 P3/P003 为焊接开始点。

2. P004 示教点（焊接中间点）

① 将机器人移动到焊接中间点。

② 将示教点属性设定为 ⟋（焊接点）。

③ 按 ⇨ 保存示教点 P4/P004 为焊接中间点。

3. P005 示教点（焊接结束点）

① 将机器人移动到焊接结束点。

② 将示教点属性设定为 ⟋（空走点）。

③ 按 ⇨ 保存示教点 P5/P005 为焊接结束点。

四、示教点的跟踪

所谓跟踪指的是在完成机器人动作程序和作业条件输入后，需要试运行一下测试程序的执行情况，以便检查各示教点及参数设置是否正确，确保机器人再现时能够按要求完成焊接作业。其主要目的是确认示教生成的动作以及末端工具指向位置是否已登录。

同时使用【动作功能键】和【拨动按钮】/【+/-键】即可实现跟踪操作。示教跟踪的具体操作流程如下：

一边按住 ⟲（正向跟踪）或 ⟳（反向跟踪）对应的【动作功能键】Ⅳ（GⅡ示教器为 Ⅰ），一边持续按住【拨动按钮】或【+/-键】，即可向前或向后跟踪，直到下一个示教点停止。

知识拓展：

① 按【用户功能键 F1】，图标由 ⚬ 变为 ⚬（绿灯由灭变亮），打开机器人跟踪功能后方可进行跟踪。

② 当 ⟲、⟳ 和【+/-键】不一致时，机器人不能运动。例如 ⟳ 和【+键】组合时机器人不能运动。

③ 当松开【拨动按钮】或【+/-键】后，机器人立即停止跟踪。

【任务实施】

任务内容与目标：

采用二氧化碳气体保护焊的方法，使用直径为 1.2mm 的 H08Mn2SiA 焊丝在低碳钢表面进行平敷堆焊。完成焊接机器人的简单示教与编程。

实践操作的目的：

① 示教点的登录和跟踪。

② 操作机器人进行焊接区间的示教。

③ 完成机器人的再现操作。

一、焊前准备

1. 实践设备、工装及焊接材料

① 焊接设备：松下弧焊机器人，数字弧焊电源 G3。

② 辅助工具：焊接护具及工装、常用工具。

③ 参考资料：焊接机器人操作指导书、焊接机器人安全操作规程。

④ 气瓶：CO_2 气瓶。

⑤ 焊丝：H08Mn2SiA，直径为 1.2mm。

⑥ 试件：低碳钢试板一块，厚度为 12mm。

2. 示教前准备

① 清理工件表面。核对试板尺寸，准确无误后将其表面清理干净，去除铁锈、油污等杂质。

② 工件装夹。利用夹具将试板固定在机器人工作台上。

③ 确认机器人原点。通过运行控制器内已有的原点程序，让机器人回到待机位置。

④ 创建程序。按照本项目任务三描述方法新建一个作业程序，输入程序名"Prog0100"。

二、登录示教点操作

实际操作的内容为焊接机器人在平板上进行平敷堆焊，运动轨迹参照图 2-42 所示，要求给机器人输入一段焊接作业程序，此程序由编号①~⑥的六个示教点组成。

1. 示教点①——焊接机器人原点

将机器人待机位置登录为示教点①，具体操作流程如下。

① 轻轻握住【安全开关】，接通伺服电源，按下【动作功能键】，打开机器人动作功能，图标由 变为 （绿灯由灭变亮），如图 2-46 所示。

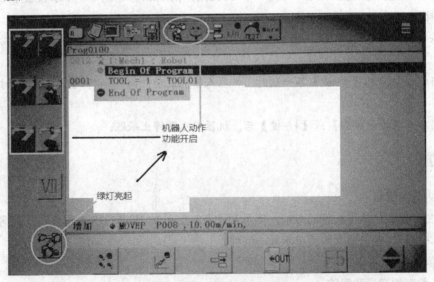

图 2-46 开启机器人动作功能

② 按下【右切换键】（GⅢ示教器）或 （GⅡ示教器），将示教点属性设定为 （空走点），插补方式设定为 （MOVEP）。

③ 按下 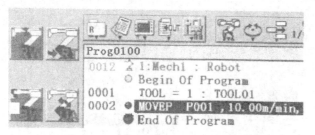 记录当前示教点①作为焊接机器人的原点，返回程序编辑主窗口，如图 2-47 所示。注意此时光标当前所在的位置以及程序行标的状态变化。

图 2-47 登录示教点①后的程序画面

2. 示教点②——焊接临近点

焊接临近点位置通常决定机器人的焊接姿态，即焊枪将准备以何种空间指向实施焊接。具体操作流程如下。

① 按住【右切换键】的同时，点击 【动作功能键】一次，或者通过菜单图标栏上的图标 【坐标系】，将机器人坐标系切换为 （直角坐标系），如图 2-48 所示。

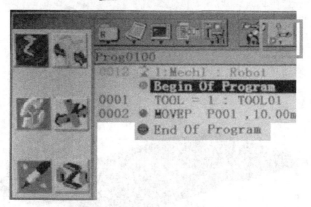

图 2-48 坐标系切换画面

② 按住任一【动作功能键】，同时上/下微调【拨动按钮】，机器人沿直角坐标系的某一轴移动，并移至焊接开始位置附近，如图 2-49 所示。

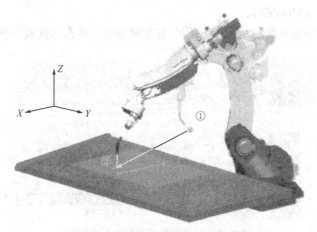

图 2-49 移动机器人到焊接临近点

③ 按下 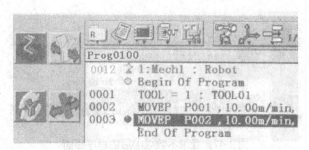 记录示教点②,如图 2-50 所示。注意光标当前所在的位置和程序行标的状态变化。

图 2-50 登录示教点②后的程序画面

3. 示教点③——焊接开始点

保持示教点②的姿态不变,将机器人移至焊接操作引弧的开始位置③。具体操作流程如下。

① 保持示教点②的姿态不变,在直角坐标系下将机器人平移到焊接操作引弧的开始位置③,如图 2-51 所示。

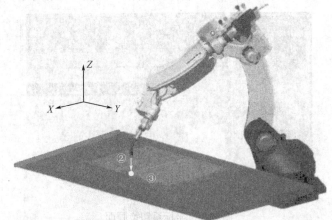

图 2-51 移动机器人到焊接开始点

② 按下【右切换键】(GⅢ示教器)或 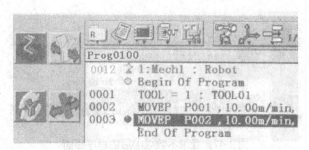 (GⅡ示教器),将示教点属性设定为 ✍ (焊接点),插补方式设定为 ⌐ (MOVEP)。

③ 按下 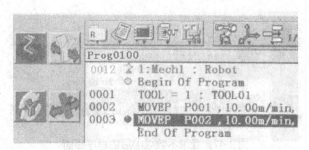 记录示教点③,如图 2-52 所示。注意光标当前所在的位置和程序行标的状态变化。

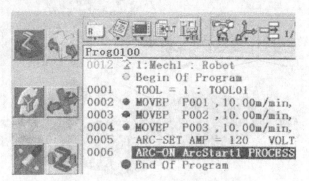

图 2-52 登录示教点③后的程序画面

4. 示教点④——焊接结束点

保持示教点③的姿态不变，将机器人移至焊接操作收弧的结束位置。

① 保持示教点③的姿态不变，在直角坐标系下把将机器人移到焊接操作收弧结束位置，如图 2-53 所示。

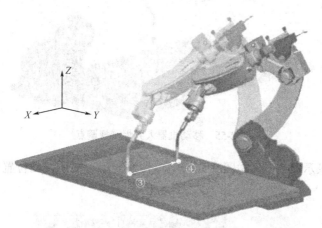

图 2-53　移动机器人到焊接结束点

② 按下【右切换键】（GⅢ示教器）或 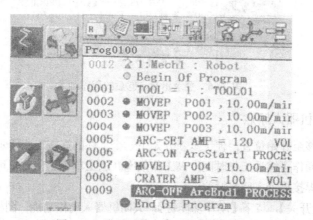（GⅡ示教器），将示教点属性设定为 （空走点），插补方式设定为 ＼（MOVEL 直线插补）。

③ 按下 记录示教点④，如图 2-54 所示。注意光标当前所在的位置和程序行标的状态变化。

图 2-54　登录示教点④后的程序画面

5. 示教点⑤——焊枪规避点

保持示教点④的姿态不变，使焊枪离开工件表面，将机器人移动到碰触不到工件和夹具的位置。具体操作流程如下。

① 保持示教点④的姿态不变，在直角坐标系下将机器人移动到碰触不到夹具及工件的位置，如图 2-55 所示。

② 按下【右切换键】（GⅢ示教器）或 （GⅡ示教器），将示教点属性设定为 （空走点），插补方式设定为 （MOVEP）。

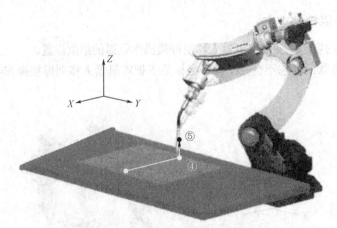

图 2-55 移动机器人到焊接规避点

③ 按下 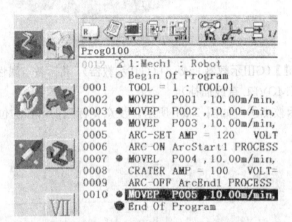 记录示教点⑤，如图 2-56 所示。注意光标当前所在的位置和程序行标的状态变化。

```
Prog0100
0012   1:Mech1 : Robot
       Begin Of Program
0001       TOOL = 1 : TOOL01
0002   ● MOVEP   P001 ,10.00m/min,
0003   ● MOVEP   P002 ,10.00m/min,
0004   ● MOVEP   P003 ,10.00m/min,
0005       ARC-SET AMP = 120    VOLT
0006       ARC-ON ArcStart1 PROCESS
0007   ● MOVEL   P004 ,10.00m/min,
0008       CRATER AMP = 100    VOLT=
0009       ARC-OFF ArcEnd1 PROCESS
0010   ● MOVEP   P005 ,10.00m/min,
       ● End Of Program
```

图 2-56 登录示教点⑤后的程序画面

6. 示教点⑥——机器人原点

将焊接机器人移至开始位置，便于重新开始下一个工件的焊接。由于示教点①和⑥重合，通过复制和粘贴命令操作可缩短工作时间提高工作效率（加工单个工件时，可设置一个安全位置作为示教点，一般将焊接机器人回复原位）。

① 松开【安全开关】，按下【动作功能键】，关闭机器人动作功能，图标由 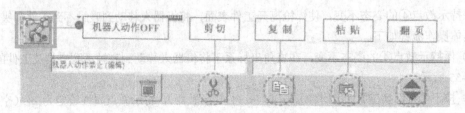 变为 （绿灯由亮变灭），机器人进入编辑状态。按下【用户功能键 F6】（GⅢ示教器）或【用户功能键 F5】（GⅡ示教器），将用户功能图标区切换至图 2-57 所示的状态。

图 2-57 机器人动作禁止（编辑）画面

② 向上微调【拨动按钮】将光标移至示教点①所在的命令行，按下【用户功能键 F3】（复制功能），然后侧击【拨动按钮】，弹出"复制"确认窗口，如图 2-58 所示。按下⇨或单击【OK】按钮，完成复制操作。

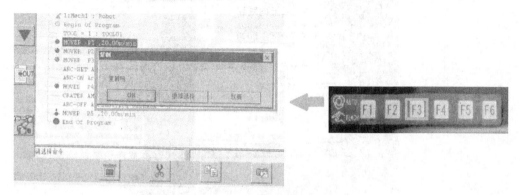

图 2-58　"复制"　确认窗口

③ 将光标移至示教点⑤所在命令行，按下【用户功能键 F4】（粘贴功能），完成命令粘贴操作，如图 2-59 所示。

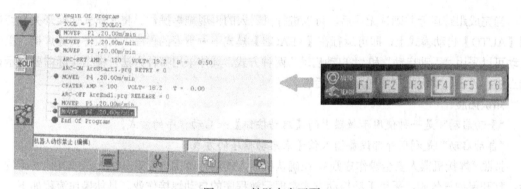

图 2-59　粘贴命令画面

通过以上流程的操作，六个示教点登录完毕。

三、跟踪运行操作

本次跟踪运行要求对所编辑的程序进行正向跟踪。具体操作流程如下。

① 确认光标位置，使其处于程序开始位置"Begin of Program"。若是不在，可以按下【动作功能键】，关闭机器人动作功能，图标由🐾变为🐾（绿灯由亮变灭）。操作者可在程序编辑窗口中将光标移动到程序开始位置。

② 按下【动作功能键】，打开机器人动作功能，图标由🐾变为🐾（绿灯由灭变亮），然后单击F1【用户功能键 F1】，开启机器人跟踪动作功能，图标由🔌　变为🔌（绿灯由灭变亮），如图 2-60 所示。

③ 同时按住【动作功能键】Ⅳ（GⅢ示教器）或Ⅰ（GⅡ示教器）和【拨动按钮】，可以进行示教点的单步正向跟踪，当跟踪至一个示教点位置时机器人自动停止运动，此时应松开【拨动按钮】。

④ 然后再次按住【拨动按钮】，继续进行跟踪下一个示教点，重复此过程，直至最后一个示教点。跟踪时应注意整个过程中光标的位置和程序行标的状态变化。

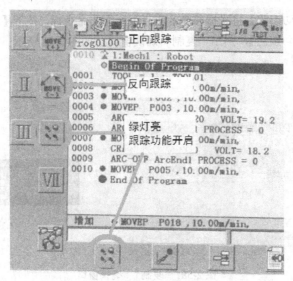

图 2-60　跟踪功能开启画面

四、再现施焊

当完成跟踪运行并确认无误后，可以进行机器人的再现施焊操作。将【模式切换开关】切换到【AUTO】自动模式上，即可运行在【TEACH】模式下编辑好的程序，对工件实施焊接。程序启动可以采用"手动启动"和"自动启动"两种方式，具体采用哪种方法可根据实际需要在示教器上进行设定。实际生产中通常采用后者。

　　知识拓展：

　　"手动启动"是一种使用示教器上的【启动按钮】来启动程序的方式。

　　"自动启动"是利用外部设备输入信号来启动程序的方式。

按照《焊接机器人安全操作守则》，在确认机器人的运行范围内没有其他人员或其他妨碍物体后，打开保护气气阀，采用手动启动方式实现示教程序的自动焊接作业。具体操作流程如下。

　　① 在编辑状态下，将光标移动至程序开始位置"Begin of Program"。

　　② 将【模式选择开关】放置于"AUTO"模式。

　　③ 按下【伺服接通按钮】，接通伺服电源。

　　④ 按下【启动开关】，焊接机器人将开始运行，实施焊接操作。

程序执行时，程序启动将从光标所在行开始，并按照执行的顺序在窗口中进行显示。程序试运行时，机器人不会执行 ARC-ON、ARC-OFF 等焊接次序命令，可以进行空运行。

　　提示：

　　● 再现时焊丝的伸长长度要和示教时相同。

　　● 施焊完毕后应仔细观察焊缝外观，通过调整焊接参数使其达到满意的效果。

　　● 使用【用户功能键 F3】可以开启或关闭电弧锁定功能，图标由 变为 （绿灯由亮变灭）。电弧锁定功能打开时 （绿灯亮），可以执行示教程序的试运行。

项目三

手动模式操纵焊接机器人

焊接机器人的移动可以是连续的也可以是逐点的。通过手动操作可以实现焊枪送达理想焊接位置，保证焊接质量。为确保焊枪的准确到位，必须在坐标系及其坐标轴下完成移动动作。

知识目标

1. 熟悉焊接机器人各运动轴。
2. 掌握焊接机器人常见运动坐标系及其适用范围。
3. 掌握手动操作机器人各轴的运动规律。

技能目标

1. 能够熟练选择适当的焊接机器人坐标系和运动轴。
2. 能够熟练改变焊接机器人末端工具的位置和姿态。
3. 能够熟练使用示教器操纵焊接机器人实现点动和连续移动。

情感目标

1. 规范操作、吃苦耐劳。
2. 学习创新、树立自信。

任务一　手动操纵焊接机器人基础知识

【任务描述】

操作者可以通过示教器来控制机器人各个关节（轴）的动作。机器人的移动既可以实现连续的运动，也可以实现逐点的运动，如图 3-1 所示。机器人的运动轨迹的实现可以依靠单轴独立完成，也可以是多轴协同合作实现位姿要求，无论怎样，其运动的实现都需要通过示教器来完成。学会手动移动机器人可以为机器人操纵奠定坚实的基础。

【任务分析】

焊接机器人本体有六个可活动的关节（轴），焊接时根据实际需要操纵机械手臂使其达到所需

(a) 点动机器人　　　　　　　　　(b) 连续移动机器人

图 3-1　手动移动机器人方式

位置。机器人手臂位置的变换需要各个关节的相互配合，为了使操作系统化，机器人要在坐标系下完成位置的移动，从而达到焊接的最佳空间位置。

【知识储备】

一、焊接机器人运动轴及坐标系

大多数的焊接机器人是由典型的六关节通用工业机器人配备焊钳或各种焊枪组合而成的。所谓六关节指的就是机器人本体有六个可活动的关节（轴）。不同企业的机器人对六轴的定义存在一定的差别。其名称及主要用途见表 3-1。本任务中将以 Panasonic 机器人为例进行介绍，MOTOMAN 和 ABB 机器人六轴如图 3-2 所示。

表 3-1　机器人六轴主要用途

序号	轴名称			主要用途
1	基本轴或主轴	RT、UA、FA 轴	Panasonic 机器人	用以保证达到工作空间的任意位置
		S、L、U 轴	MOTOMAN 机器人	
		轴 1、轴 2、轴 3	ABB 机器人	
2	腕部轴或次轴	RW、BW、TW 轴	Panasonic 机器人	用以实现末端执行器的任意空间姿态
		R、B、T 轴	MOTOMAN 机器人	
		轴 4、轴 5、轴 6	ABB 机器人	

(a) MOTOMAN机器人　　　　　　(b) ABB机器人

图 3-2　MOTOMAN 和 ABB 机器人运动轴

1—S 轴/1 轴；2—L 轴/2 轴；3—U 轴/3 轴；4—R 轴/4 轴；5—B 轴/5 轴；6—T 轴/6 轴

机器人示教操作时，机器手臂的运动是在不同的坐标系下完成的。在大部分焊接机器人系统中，可以有五种坐标系供操作者进行选择，这五种坐标系分布为：关节坐标系、直角坐标系、工具坐标系、用户坐标系及圆柱坐标系。

1. 关节坐标系

关节坐标系适合于大范围运动，且不要求机器人 TCP 点姿态的情况下选用。机器人在关节坐标系下运动时，其各个关节（轴）是进行单独运动的。各轴的具体动作情况见表 3-2。

表 3-2 松下机器人在关节坐标系下的各轴动作

项目	基本轴			腕部轴		
轴名称	RT 轴	UA 轴	FA 轴	RW 轴	BW 轴	TW 轴
图标						
动作控制	可以实现本体左右回转	可以实现大臂上下运动	可以实现小臂前后运动	可以实现手腕回转运动	可以实现手腕弯曲运动	可以实现手腕扭曲运动
动作图解						

2. 直角坐标系

由于日常生活中人们对直角坐标系比较熟悉，直角坐标系使用频率也相对较高，示教与编程时经常在该坐标系下完成机器人的移动。与几何中的直角坐标系类似，焊接机器人的直角坐标系也有原点，其原点定义在机器人的安装面与第一转动轴的交点处，X 轴向前，Z 轴向上，Y 轴按右手规则确定。在直角坐标系中，不论机器人处于何种位置，均可实现机器人 TCP 点沿 X 轴、Y 轴及 Z 轴的平行移动。各轴的具体动作情况见表 3-3。

3. 工具坐标系

工具坐标系适用于进行相对于工件不改变工具姿势的平行移动操作时使用。在工具坐标系中，将机器人 TCP 点定义为原点，并且假定工具的有效方向为 X 轴，Y 轴和 Z 轴由右手规则产生。工具坐标的方向与机器人的位置、姿势无关，而是随着腕部的移动而发生变化。在工具坐标系中，焊枪轨迹沿工具坐标的 X 轴、Y 轴和 Z 轴方向运动。各轴的具体动作情况见表 3-4。

知识拓展：机器人的五大坐标系，其功能是等同的，焊接机器人在任一坐标系下完成的动作同样可以在其他四种坐标系下完成。每个坐标系又有各自的特点，有更加适合使用得工作场合，如果选择得合适可以达到事半功倍的效果，大大提高工作效率。下面对五种坐标系进行了比较，见表 3-5。

表 3-3　Panasonic 机器人在直角坐标系下的各轴动作

项目	基本轴（移动时推荐）			腕部轴		
轴名称	X轴	Y轴	Z轴	U轴	V轴	W轴
图标						
动作控制	沿X轴平行移动	沿Y轴平行移动	沿Z轴平行移动	围绕Z轴旋转	围绕Y轴旋转	围绕 TCP 指向进行旋转
动作图解						

表 3-4　Panasonic 机器人在工具坐标系下的各轴动作

项目	基本轴			腕部轴（角度变化时推荐）		
轴名称	X轴	Y轴	Z轴	R_X轴	R_Y轴	R_Z轴
图标						
动作控制	沿X轴平行移动	沿Y轴平行移动	沿Z轴平行移动	围绕X轴旋转	围绕Y轴旋转	围绕Z轴旋转
动作图解						

表 3-5　五种坐标系使用范围及特点

坐标系	适用范围	轴动作	实施控制点不变动作
关节坐标系	大范围运动，并且不要求机器人 TCP 点姿态的	动作为单轴运动	不可实施
直角坐标系	由于大家对直角坐标系的熟悉，是最常使用的坐标系之一	一般为多轴联动	可以实施
工具坐标系	进行相对于工件不改变工具姿势的平行移动操作时使用	一般为多轴联动	可以实施

续表

坐标系	适用范围	轴动作	实施控制点不变动作
圆柱坐标系	圆柱坐标系的操作与直角坐标系类似	一般为多轴联动	可以实施
用户坐标系	用户根据工作需要自行定义的坐标系。当机器人配备多个工作台时，使用用户坐标系能使示教操作更为简单	一般为多轴联动	可以实施

注：在关节坐标系以外的其他坐标系中，均可控制点不变动作是指只改变工具姿态而不改变工具尖端点（TCP 点）位置。如图 3-3 所示。

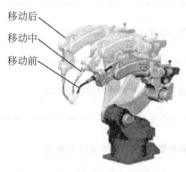

移动后
移动中
移动前

图 3-3　机器人控制点不变动作

二、机器人坐标系和运动轴的选取

选择不同动作坐标系及运动轴，就可以自由地更改机器人手臂的移动方向和所处位置。

1. 坐标系操作中的常见图标

在选用和操作坐标系、运动轴的过程中会经常使用一些图标，熟悉这些常用的图标将方便操作。Panasonic 机器人坐标系操作中常用的图标见表 3-6。

表 3-6　坐标系操作中常见图标及功能

图标	名称	功能介绍
	对象机构	用于示教模式下选择机器人或外部轴
	坐标系	用于示教模式下选择机器人运动坐标系
	关节	用于示教模式下关节坐标系的选择
	直角	用于示教模式下直角坐标系的选择
	工具	用于示教模式下工具坐标系的选择
	圆柱	用于示教模式下圆柱坐标系的选择
	用户	用于示教模式下用户坐标系的选择

图标	名称	功能介绍
	机器人动作 ON	绿灯亮，用于示教模式下操作机器人运动
	机器人动作 OFF	绿灯灭，用于示教模式下编辑用户程序
	速度	用于示教模式下选择手动操作机器人的运动速度
	速度（低）	用于示教模式下选择机器人点动操作时以低速运动
	速度（中）	用于示教模式下选择机器人点动操作时以中速运动
	速度（高）	用于示教模式下选择机器人点动操作时以高速运动

注：请对相似图标加以区分。

2. 选择机器人坐标系和运动轴

实现手动操纵机器人的基本前提是能够正确有效地选择机器人运动坐标系及坐标系下的相应运动轴。使用的控制器类型不同，选择机器人坐标系和运动轴的基本步骤也存在一定的差别。

GⅢ示教器焊接机器人坐标系和运动轴选取的基本操作步骤如下。

① 确认【模式切换开关】放置于"TEACH"位置。

② 握住【安全开关】，按下【伺服 ON 按钮】接通伺服电源。

③ 按【动作功能键Ⅷ】，打开机器人动作功能，图标变为 （绿灯亮起）。

④ 按下【左切换键】在关节（默认）、直角、工具、圆柱、用户之间进行坐标系切换。动作功能键图标区将显示所选坐标系下的基本轴（左）和腕部轴（右）。

⑤ 根据动作需要按住选取的运动轴图标对应的【动作功能键】，选择相应运动轴。

知识拓展：GⅡ示教器焊接机器人坐标系和运动轴选取的基本操作步骤如下。

① 确认【模式切换开关】放置于"TEACH"位置。

② 握住【安全开关】，按下【伺服 ON 按钮】接通伺服电源。

③ 按【动作功能键Ⅳ】，打开机器人动作，图标 （绿灯亮起）。

④ 按下【右切换键】，使用【动作功能键Ⅰ】在关节（默认）、直角、工具、圆柱、用户之间进行坐标系切换。

⑤ 松开【右切换键】，按下【左切换键】在基本轴（默认）、腕部轴、外部轴（选配，仅限关节坐标系）之间进行运动轴切换。

⑥ 根据动作需要，按住【动作功能键】，选择相应运动轴。

三、手动移动机器人

使用示教器手动移动 Panasonic 机器人可以采取点动机器人和连续移动机器人两种方式。

操作时均可使用【动作功能键】和【拨动按钮】/ ⊕⊖ 【+/-键】的组合来完成移动。在示教模式下，只有按住相应【动作功能键】时机器人才能完成各轴的运动。如果操作员同时按下两个以上【动作功能键】时，机器人将按合成动作进行运动。

1. 点动机器人

点动机器人主要适用于 TCP 点离目标位置较近的情况。

点动机器人是运用上/下微调【拨动按钮】来实现机器人手臂移动的。其操作流程为：按住【动作功能键】（选中某一运动轴）的同时，上/下微调【拨动按钮】，每转一格机器人移动一段距离（进给位移量）。

在窗口右上方区域将显示一些相关信息，如图 3-4 所示。

① 显示所选运动轴和 TCP 点的移动量，放开【动作功能键】时数据回零。

② 显示使用【拨动按钮】操作机器人的点动进给量，有高、中、低三挡。在机器人点动操作时，循环按下【右切换键】，可在三者之间切换。

参数设定（Panasonic 机器人点动进给量设定方法）：点击 🔧【设定】→点击 🤖【机器人】→点击 🔳【微动】→在弹出窗口内即可进行参数修改。

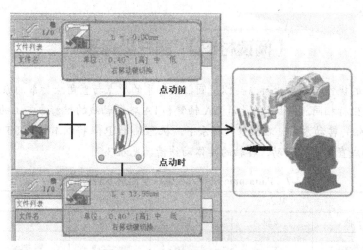

图 3-4　点动机器人时信息显示

2. 连续移动机器人

连续移动机器人主要适用于 TCP 点离目标位置较远的情况。

连续移动机器人可以通过两种途径来完成，一是拖动【拨动按钮】，二是按住 ⊕⊖ 【+/-键】。

其操作流程为：按住【动作功能键】（选中某一运动轴）的同时，持续拖动【拨动按钮】或按下 ⊕⊖ 【+/-键】，即可连续移动机器人手臂，如图 3-5 所示。第一种方法的优势在于使用【拨动按钮】时，根据其转动量，可以控制机器人的移动速度。

参数设定（Panasonic 机器人连续移动速度设定方法）：点击 ■ore【扩展功能】→点击 📝【示教设定】→在弹出窗口内即可输入速度参数。

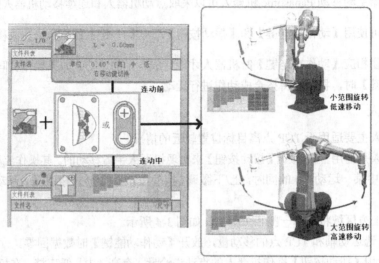

图 3-5　连续移动机器人信息显示

知识拓展： 向上微动/拖动【拨动按钮】或按【+键】，机器人将沿坐标系主轴的正方向平行移动或绕坐标系主轴逆时针旋转；反之操作，机器人将沿坐标系主轴的反方向平行移动或绕坐标系主轴顺时针旋转。

【阅读材料】　圆柱坐标系

圆柱坐标系的操作与直角坐标系类似。圆柱坐标系的原点与直角坐标系的原点相同，Z 轴运动方向则与直角坐标相同。r 轴指的是沿 UA 轴臂和 FA 轴臂轴线的投影方向上的运动。θ 轴方向指的是本体 RT 轴的转动方向。在圆柱坐标系下，机器人 TCP 点将以本体轴 RT 轴为中心做回旋运动，或与 Z 轴成直角平行移动。各轴的具体动作情况见表 3-7。

表 3-7　**Panasonic 机器人在圆柱坐标系下的各轴动作**

项目	基本轴			腕部轴		
轴名称	r 轴	θ 轴	Z 轴	R_X 轴	R_Y 轴	R_Z 轴
图标						
动作控制	垂直于 Z 轴移动	本体围绕 RT 轴回旋	沿 Z 轴平行移动	围绕 X 轴旋转	围绕 Y 轴旋转	围绕 Z 轴旋转
动作图解						

【任务实施】

项目任务书 3-1

任务名	点动移动焊接机器人			
指导教师			工作组员	
工作时间			工作地点	

任务目标	考核点
熟悉焊接机器人坐标系和运动轴 掌握焊接机器人常见运动坐标系及其适用范围 掌握手动操作机器人的两种方式：点动和连续移动	焊接机器人坐标系和运动轴 选取适当的焊接机器人坐标系和运动轴 点动和连续移动机器人的操作流程

准备工作

主要设备	辅助工具	参考资料
Panasonic 弧焊机器人（CO_2）	焊接护具	焊接机器人操作指导
YD-350GR3 数字弧焊电源	常用工具	机器人安全操作规程
备注	实心焊丝　一盘 CO_2 气体　一瓶（配备导管、调压器等相关设备）	

任务内容

1. 根据图标说明运动轴属于何种坐标系，并说明各轴的运动控制

1.

2.

3.

4.

5.

6.

序号	轴名称	动作控制
1		
2		
3		
4		
5		
6		

2. 操纵 GIII 示教器，进行焊接机器人坐标系和运动轴的选取操作，并写出基本操作步骤

步骤	操作内容
1	
2	
3	
4	
5	

3. 根据图 3-6 写出点动焊接机器人的操作流程，并进行操作

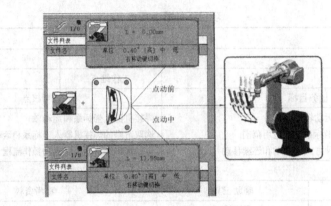

图 3-6　焊接机器人点动

操作流程	
项目完成情况总结	
自我表现评价	
指导教师评价	

【任务小结】

焊接机器人的运动实质是根据不同的作业轨迹要求，实现在各种坐标系下的运动。熟悉常用坐标系的属性及坐标轴的动作运动，是实现手动移动机器人的技术基础，掌握手动操纵焊接机器人的方法，并加深对机器人常用坐标系及各运动轴在不同坐标系下的运动的理解。

思考与练习

1．焊接机器人系统中，五种坐标系包括：＿＿＿＿＿＿＿、＿＿＿＿＿＿＿、＿＿＿＿＿＿＿、＿＿＿＿＿＿＿及＿＿＿＿＿＿＿。

2．直角坐标系的运动轴包括：＿＿＿＿＿＿＿、＿＿＿＿＿＿＿、＿＿＿＿＿＿＿、＿＿＿＿＿＿＿及＿＿＿＿＿＿＿。

3．使用示教器手动移动 Panasonic 机器人可以采取＿＿＿＿＿＿＿和＿＿＿＿＿＿＿两种方式。

任务二 坐标系下机器人的手动操作

【任务描述】

焊接机器人的五种坐标系中关节坐标系、直角坐标系和工具坐标系比较常用。焊接机器人本体有六个可活动的关节（轴），机器人手臂位置的变换需要各个关节的相互配合，操作员可以选择任何一种坐标系，并使用示教器完成各运动轴的操作，将末端焊枪送达到目标位置。坐标系不同操作流程也会有所差别。

【任务分析】

手动移动机器人必须从选取坐标轴及熟练操作各运动轴开始。使用示教器在不同的坐标系下完成手动移动机器人，要在熟悉示教中选取坐标系和移动运动轴的相关功能键的基础上，明确操作流程，并严格执行。

【知识储备】

一、关节坐标系下机器人的手动操作

在关节坐标系下，其各个关节（轴）是进行单独运动的。即机器人在关节坐标系下运动时，RT、UA、FA、RW、BW、TW 各轴可以单独动作。下面以 Panasonic 机器人为例，采用在机器人弧焊操作中经常用到的焊枪角度改变动作来说明关节坐标系下机器人的手动操作，加深对关节坐标系下机器人动作的理解，如图 3-7 所示。具体操作流程如下（GⅢ示教器）。

① 将示教器【模式切换开关】对准 "TEACH"，设定为示教模式。

② 轻轻握住【安全开关】，接通伺服电源，按下【动作功能键】，打开机器人动作功能，图标由 变为 （绿灯由灭变亮）。

③ 按住图标 对应的【动作功能键】的同时，转动【拨动按钮】或按住 【+/-键】，调整末端焊枪达到理想角度。

知识拓展： 在关节坐标系下，GⅡ示教器与GⅢ示教器操作流程会有所区别。GⅡ示教器的前两步与GⅢ示教器操作相似，只是需要在进行第二步骤后，加入下列操作：按【左切换键】一次，实现基本轴与腕部轴的转换。然后再进行最后第三步骤的操作即可。

二、直角坐标系下机器人的手动操作

在直角坐标系下，机器人 TCP 点可以沿着 X 轴、Y 轴、Z 轴平行移动。下面以 Panasonic 机器人为例，采用在机器人弧焊操作中经常用到的焊枪直线运动动作来说明直角坐标系下机器人的手动操作，加深对直角坐标系下机器人动作的理解，如图 3-8 所示。

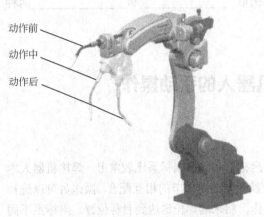
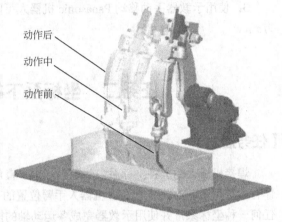

图 3-7 关节坐标系下焊枪角度的改变动作　　　图 3-8 直角坐标系下焊枪的直线运动动作

具体操作流程如下。

① 将示教器【模式切换开关】放置于"TEACH"位置，设定为示教模式。

② 轻轻握住【安全开关】，接通伺服电源，按【动作功能键】，打开机器人动作功能。图标由 变为 （绿灯由灭变亮）。

③ 按住【右切换键】，同时点按一次【动作功能键】，完成关节坐标系与直角坐标系的转换，图标由 转换为 。

④ 按住 Y 轴图标 对应的【动作功能键】，同时转动【拨动按钮】或按住 【+/-键】，移动焊枪，使其在直角坐标系下沿 Y 轴的直线运动，到达目标位置。

三、工具坐标系下机器人的手动操作

工具坐标系将坐标定义在了工具（焊枪）尖端点上，将机器人腕部法兰盘所握工具的有效方向定义为 X 轴。在工具坐标系下运动时，机器人的 TCP 点沿工具尖端点上的 X 轴、Y 轴、Z 轴做平行运动。下面以 Panasonic 机器人为例，采用在机器人弧焊操作中经常用到的焊枪规避动作来说明工具坐标系下机器人的手动操作，加深对工具坐标系下机器人动作的理解，如图 3-9 所示。

具体操作流程如下。

① 将示教器【模式切换开关】放置于"TEACH"位置，设定为示教模式。

② 轻轻握住【安全开关】，接通伺服电源，按【动作功能键】，打开机器人动作功能。图标由 ![icon] 变为 ![icon]（绿灯由灭变亮）。

③ 按住【右切换键】，同时点按两次【动作功能键】 ![icon]，完成关节坐标系到直角坐标系再到工具坐标系的转换，图标由 ![icon] 转换为 ![icon] 再转换为 ![icon]。

④ 按住图标 ![icon] 对应的【动作功能键】，同时转动【拨动按钮】或按住 ![icon]【+/-键】，移动焊枪沿工具坐标系 X 轴平行运动，直至焊枪到达不易碰触工件的位置。

知识拓展：坐标系切换的其他方法

在示教模式下，机器人坐标系的切换还可以通过菜单图标栏上的图标 ![icon]【坐标系】来进行选取。具体操作流程如下。

步骤一，将示教器的【模式切换开关】放置于"TEACH"位置，设定为示教模式。

步骤二，将光标移动至菜单图标 ![icon]【坐标系】处→侧击【拨动按钮】，弹出子菜单→在弹出的子菜单项目上使用【拨动按钮】选取想要使用的坐标系的图标，如图 3-10 所示。

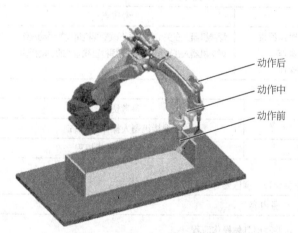

图 3-9　工具坐标系下焊枪的规避动作

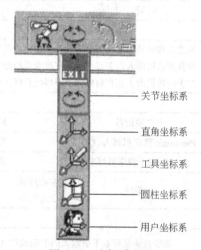

图 3-10　坐标系菜单

【阅读材料】　用户坐标系

用户坐标系是用户根据工作需要自行定义的坐标系。当机器人配备多个工作台时，使用用户坐标系能使示教操作更为简单，用户可根据需要定义多个坐标系。在用户坐标系下，机器人焊枪轨迹沿用户自定义的坐标轴方向运动。各轴的具体动作情况见表 3-8。

表 3-8 Panasonic 机器人在用户坐标系下的各轴动作

项目	基本轴			腕部轴		
轴名称	X轴	Y轴	Z轴	R_X轴	R_Y轴	R_Z轴
图标	User ←X→	User ←Y→	User ←Z→			
动作控制	沿X轴平行移动	沿Y轴平行移动	沿Z轴平行移动	围绕X轴旋转	围绕Y轴旋转	围绕Z轴旋转
动作图解						

【任务实施】

项目任务书 3-2

任务名	连续移动焊接机器人		
指导教师		工作组员	
工作时间		工作地点	
任务目标		考核点	
熟悉焊接机器人在关节坐标系和直角坐标系下的手动操作流程 掌握焊接机器人在关节坐标系下改变焊枪角度的手动操作 掌握焊接机器人在直角坐标系下焊枪直线运动的手动操作		焊接机器人在关节坐标系下改变焊枪角度的手动操作 焊接机器人在直角坐标系下焊枪直线运动的手动操作	
准备工作			
主要设备	辅助工具	参考资料	
Panasonic 弧焊机器人（CO_2）	焊接护具	焊接机器人操作指导书	
YD-350GR3 数字弧焊电源	常用工具	机器人安全操作规程	
备注	实心焊丝　一盘 CO_2 气体　一瓶（配备导管、调压器等相关设备）		
任务内容			

1. 实现直角坐标系下机器人的手动操作（图 3-11），并写出具体操作流程

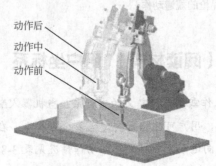

动作后
动作中
动作前

图 3-11　机器人的手动操作

续表

步骤	操作内容	遇到的问题
1		
2		
3		
4		

2. 操作机器人完成关节坐标系下焊枪角度的调整（图3-12），并在下方写出操作流程

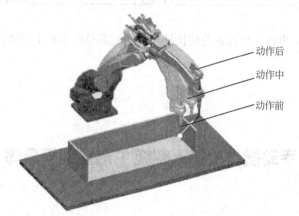

动作后
动作中
动作前

图 3-12　关节坐标系下焊枪角度调整

步骤	操作内容	遇到问题
1		
2		
3		
4		
项目完成情况总结		
自我表现评价		
指导教师评价		

【任务小结】

常用的三种坐标系有关节坐标系、直角坐标系、工具坐标系。在三种坐标系下使用示教器均可实现焊枪的移动使其达到理想中的位置，如焊枪角度的调整、焊枪沿某一坐标轴的直线移动、焊枪的规避动作。结合菜单图标栏上的图标还可以方便实现坐标系的切换。

思考与练习

1. 机器人选择关节坐标系运动时，RT、UA、FA、RW、BW、TW 各轴_____动作。
2. 在工具坐标系下，按住【右切换键】，同时点按_____次【动作功能键】 Ⅰ ，完成_____到_____再到_____的转换，图标由 😊 转换为 再转换为 。
3. 在示教模式下，机器人坐标系的切换还可以通过菜单图标栏上的图标 😊【_____】来进行选取。

实操练习二

手动操作机器人实施 T 形接头平角焊

【任务描述】

对接接头是焊接接头类型之一，还有很多焊接结构采用的是 T 形接头和角接接头。其角焊缝的焊接也可以使用焊接机器人来完成，通过手动操纵 Panasonic 机器人，使其 TCP 点沿 T 形接头角焊缝移动，焊接接头的形状及具体尺寸如图 3-13 所示。本任务采用 CO_2 气体保护焊方法实施焊接，焊丝采用直径为 1.2mm 的 H08Mn2SiA 焊丝，工件选用的是低碳钢板材。通过本次任务的完成，可以练习焊接机器人在坐标系下各运动轴的位置变换。

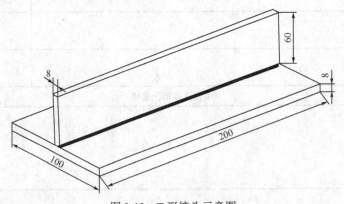

图 3-13　T 形接头示意图

【任务分析】

与平板堆焊示教相比较，焊接机器人焊接 T 形角焊缝的示教更为复杂。首先要设定好示教点，其次要在合适的坐标系及坐标轴下正确移动机器人手臂，并调整好焊枪的角度。再次为了达到良好的焊接效果还要对焊接参数进行合理的设定。示教操作时按流程完成操作任务，并完成任务书中的内容。

【知识储备】

一、焊接接头形式

焊接接头是指两个或两个以上零件用焊接方法连接的接头，其组成包括焊缝、熔合区和热影响区。在焊条电弧焊中，由于焊件厚度，结构形状以及对质量要求的不同、其接头形式也会有所不同。根据国家标准 GB 985.1—2008 规定，焊接接头的形式主要可分为四种，即对接接头、角接接头、搭接接头、T 形接头，如图 3-14 所示。

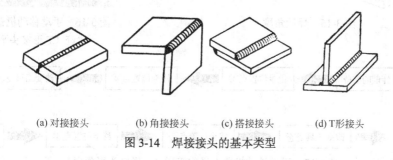

(a) 对接接头　　　(b) 角接接头　　　(c) 搭接接头　　　(d) T形接头

图 3-14　焊接接头的基本类型

知识拓展：

① 对接接头：指两焊件端面相对平行的接头形式，如图 3-14（a）所示。这种接头能承受较大的载荷，是焊接结构中最常用的接头。

② T 形接头：指一焊件端面与另一焊件表面构成直角或近似直角的接头形式，如图 3-14（d）所示。这种接头在焊接结构中是较常用的，整个接头承受载荷、特别是承受动载荷的能力较强。

③ 角接接头：指两焊件端面间构成大于30°，小于135° 夹角的接头形式，如图 3-14（b）所示。其焊缝的承载能力不高，一般用于不重要的焊接结构中，多用于箱形构件。

④ 搭接接头：指两焊件重叠放置或两焊件表面之间的夹角不大于30° 构成的端部接头形式，如图 3-14（c）所示。其应力分布不均匀，接头承载能力低，在结构设计中应尽量避免采用此类接头形式。

二、焊接位姿设定

① T 形接头即将两块钢板互相垂直，并呈"T"字形进行连接，由于两块钢板间存在夹角，熔渣和熔敷金属的流动性都会变差，容易形成夹渣和咬边等焊接缺陷，所以需要采用合理的焊枪角度及较大的焊接电流（焊接时的电流要大于平焊时的电流）。焊枪角度如图 3-15 所示。

② 焊接机器人需要完成的焊缝轨迹如图 3-16 所示。本次任务只需完成 T 形接头的一侧角焊缝的施焊，T 形角焊缝的示教大致与平敷堆焊的机器人示教相类似，本次示教需要设定 6 个示教点，位置如图 3-16 所示。

示教-再现过程中要保持合理的焊枪角度，每个位置点的焊枪姿态见表 3-9。

手动操作机器人焊接 T 形接头角焊缝操作流程如图 3-17 所示。

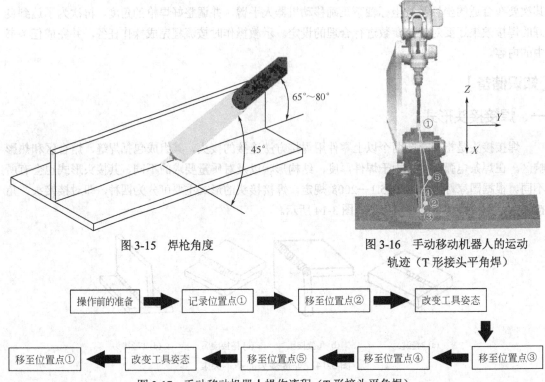

图 3-15　焊枪角度

图 3-16　手动移动机器人的运动
轨迹（T 形接头平角焊）

图 3-17　手动移动机器人操作流程（T 形接头平角焊）

表 3-9　示教点说明

序号	示教点	焊枪角度/（°）			用途
		U/	V	W	
1	①	180	45	180	原点
2	②	−70	45	0	焊接临近点
3	③	−70	45	0	焊接开始点
4	④	−70	45	0	焊接结束点
5	⑤	−70	45	0	焊接规避点
6	①	180	45	180	原点

【任务实施】

任务内容与目标：

采用二氧化碳气体保护焊的方法，使用直径为 1.2mm 的 H08Mn2SiA 焊丝，实现手动操作机器人的 T 形接头平角焊。

实践操作的目的：

① 坐标系的选取。

② 使用坐标轴变换焊枪角度。

③ 各坐标系下机器人的手动操作。

一、焊前准备

1. 实践设备、工装及焊接材料

① 焊接设备：松下弧焊机器人，数字弧焊电源 G3。

② 辅助工具：焊接护具及工装、常用工具。

③ 参考资料：焊接机器人操作指导书、焊接机器人安全操作规程。

④ 气瓶：CO_2 气瓶。

⑤ 焊丝：H08Mn2SiA，直径为 1.2mm。

⑥ 试件：低碳钢试板两块，尺寸参看图 3-13。

2. 示教前准备

① 清理工件表面。核对试板尺寸，准确无误后将其表面清理干净，去除铁锈、油污等杂质。

② 工件装夹。利用夹具将试板固定在机器人工作台上。

③ 确认机器人原点。通过运行控制器内已有的原点程序，让机器人回到待机位置。

④ 确认示教模式。将【模式切换开关】放置于"TEACH"位置，设为示教模式。

⑤ 创建程序。按照项目二任务三描述方法新建一个作业程序，输入程序名（如"Prog0138"）。

二、操作步骤

以图 3-16 所示的运动轨迹为例，选用直角坐标系完成焊接机器人沿示教点①②③④⑤①的动作顺序进行手动操作。

1. 记录示教点①（机器人原点）

具体操作步骤如下。

① 将光标移动到菜单栏图标█【视图】上，侧击【拨动按钮】，在图标█【切换显示】的下拉菜单中选取图标█【显示位置】，在图标 █【显示位置】的下拉菜单中选取图标 xyz【XYZ显示】，弹出"XYZ 显示"窗口，如图 3-18 所示。

② 记录 "XYZ 显示"界面上显示的机器人当前位置坐标（X、Y、Z、U、V、W），为后续准确移回到该位置做好准备。

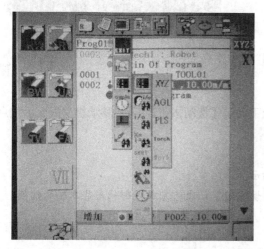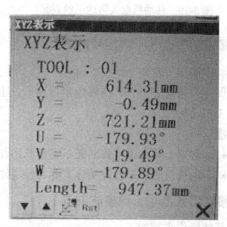

图 3-18　机器人原点位置

2. 移至示教点②（焊接临近点）

具体操作步骤如下。

① 轻轻握住【安全开关】，接通伺服电源，按【动作功能键】，打开机器人动作功能。图标由 ![icon] 变为 ![icon]（绿灯由灭变亮）。

② 按住【右切换键】，同时点按一次【动作功能键】 ![I]，完成关节坐标系到直角坐标系的转换，图标由 ![icon] 转换为 ![icon]。

③ 按住 X 轴 ![icon]、Y 轴 ![icon]、Z 轴 ![icon] 图标对应的【动作功能键】，同时转动【拨动按钮】或按住【+/-键】，移动机器人在直角坐标系下运动，将焊枪送至示教点②，如图 3-19 所示。

3. 改变焊枪角度（焊枪姿态）

为了满足图 3-15 所示的焊枪角度要求，需要对焊枪姿态作出调整。具体操作如下。

按住 U 轴 ![icon]、V 轴 ![icon] 图标对应的【动作功能键】，同时转动【拨动按钮】，改变焊枪角度满足 T 形接头平角焊角度范围要求，如图 3-20 所示（也可以选取其他坐标轴完成焊枪姿态的调整）。

提示：

- 注意显示屏右上角信息提示窗的状态指示。
- 如果使用 GⅡ 示教器操作需要先进行基本轴与腕部轴的切换：按【左切换键】一次即可实现。

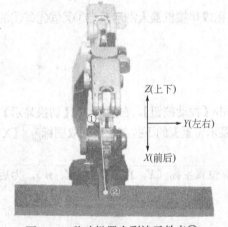

图 3-19　移动机器人到达示教点②

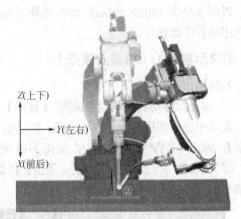

图 3-20　按要求改变焊枪角度

4. 移至示教点③（焊接开始点）

具体操作步骤如下。

保持焊枪角度不变，在直角坐标系下，上下微调【拨动按钮】，缓慢移动机器人至示教点③，如图 3-21 所示。

提示：

- 注意显示屏右上角信息提示窗的状态指示。
- 如果使用 GⅡ 示教器操作需要再按【左切换键】一次，完成腕部轴与基本轴的切换。

5. 移至示教点④（焊接结束点）

具体操作步骤如下。

保持焊枪角度不变，在直角坐标系下按住 X 轴 图标对应的【动作功能键】，同时向下转动【拨动按钮】或按住 ━ 【-键】，使机器人沿 X 轴反方向移动至焊接结束点④，如图 3-22 所示。

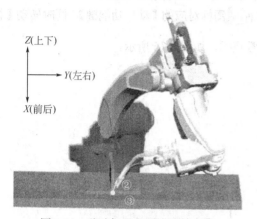

图 3-21　移动机器人到达示教点③

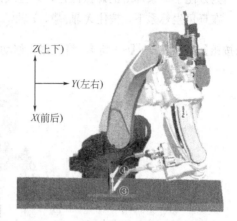

图 3-22　移动机器人到达示教点④

6. 移至示教点⑤（焊接规避点）

焊接结束后，应及时将焊枪抬离工件表面，且离开工件一段距离，所以，示教时要将焊枪由焊接结束点移至焊接规避点。具体操作步骤如下。

① 按住【右切换键】，同时点按一次【动作功能键】 I ，完成直角坐标系到工具坐标系的转换，图标由 转换为 。

② 保持焊枪姿态不变，按住 X 轴 图标对应的【动作功能键】，同时向下转动【拨动按钮】，沿工件坐标系 X 轴反方向平行移动机器人，直到与夹具不碰触的位置，如图 3-23 所示。

7. 改变焊枪角度（焊枪回归原点姿态）

具体操作步骤如下。

① 按住【右切换键】，同时点按两次【动作功能键】 I ，完成直角坐标系的转换，图标为 。

② 在直角坐标系下，按住 U 轴 、V 轴 图标对应的【动作功能键】，同时转动【拨动按钮】，将焊枪角度改变至原点姿态，如图 3-24 所示。

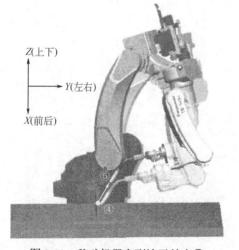

图 3-23　移动机器人到达示教点⑤

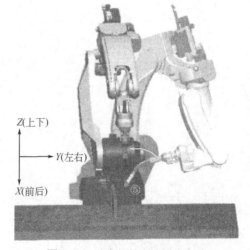

图 3-24　改变焊枪角度准备归位

8. 移至示教点①（机器人回归原点）

为方便下一条焊缝的焊接操作，焊枪应回到原点位姿。具体操作步骤如下。

在直角坐标系下，按住 X 轴 、 Y 轴 、 V 轴 图标对应的【动作功能键】，同时转动【拨动按钮】或按住 【+/−键】，将机器人移动至示教点①，如图 3-25 所示。

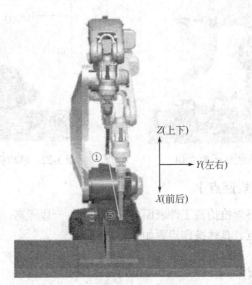

图 3-25　移动机器人到达原点

由上述操作可以看出，焊接机器人的操作主要还是在直角坐标系下完成的。本次任务的跟踪运行操作和再现施焊可以参看"焊接机器人平板堆焊"的操作内容。进而完成本次任务的示教跟踪和焊接实施工作。

项目四

焊接机器人的运动轨迹示教

一般来讲，焊接机器人具有直线、圆弧、直线摆动和圆弧摆动四种典型的动作功能，其他任何复杂的焊接轨迹都可拆分为这四种基本形式。

知识目标

1. 了解焊接机器人示教的基本流程。
2. 掌握焊接机器人直线轨迹焊缝、圆弧轨迹焊缝及摆动功能示教的基本要领。
3. 掌握运动轨迹的跟踪及试焊。

技能目标

1. 能够熟练设定机器人的焊接作业条件。
2. 能够使用示教器编辑机器人直线轨迹、圆弧轨迹焊接及摆动功能示教作业程序。
3. 能够熟练进行直线焊缝轨迹和圆弧焊缝轨迹的跟踪与再现。

情感目标

1. 态度认真严谨、操作规范准确。
2. 树立自信心，开拓创新。

任务一 焊接机器人的直线轨迹示教

【任务描述】

本任务要求手动操纵机器人使用二氧化碳气体保护焊方法进行平板对接接头施焊。焊丝选用直径为 1.2mm 的 H08Mn2SiA 焊丝，工件采用两块 45 钢板（180mm×25mm×4mm）的对接。

【任务分析】

板对接机器人平焊作业是所有教程中最容易的示教。用机器人完成图 4-1 所示直焊缝的焊接一共需要 6 个示教点，如图 4-2 所示，每个示教点的焊枪角度见表 4-1。任务完成后填写项目任务完成报告。

图 4-1　板对接平焊接头

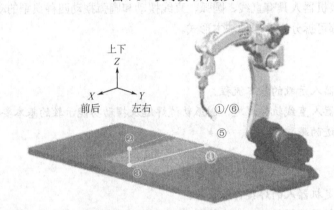

图 4-2　板对接平焊机器人运动轨迹

表 4-1　板对接平焊示教点说明

示教点	焊枪角度/（°）			用途
	U	V	W	
①	180	45	180	机器人原点
②	0	15	−0	焊接临近点
③	0	15	−0	焊接开始点
④	0	15	−0	焊接结束点
⑤	0	15	−0	焊枪规避点
⑥（①）	180	45	180	机器人原点

【知识储备】

一、示教点的常用编辑操作

机器人程序的编辑包括示教点位置的变更、增加、删除，空走点、焊接点、插补方式的修改、焊接规范参数设定等，作业次序命令的修改、增加、删除，以及命令的复制、粘贴和删除等。下面结合机器人直线运动轨迹焊接示教知识对机器人直线轨迹程序输入要点进行讲解。

1．机器人程序的组成

机器人的示教主要是在程序编辑窗口完成的。松下机器人程序内容主要由光标、行标、命令行及附加项等几部分组成，如图4-3所示。

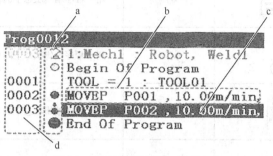

图4-3　松下 GⅢ机器人程序内容

a．行标：表示示教点属性以及机器人 TPC 点当前位置的标识。空走点、焊接点、具有摆动功能的点分别使用"●"蓝色图标、"●"红色图标、"○"黄色图标表示。

b．命令及附加项：指示执行处理或作业。在移动命令状态下，示教位置数据的后方会自动显示与当前插补方式相应的命令。

c．光标：命令编辑用的光标。侧击【拨动按钮】可对光标所在命令行进行编辑。在使机器人前进、后退和试运行时，机器人将从光标所在命令行开始运行。

d．行号：表示程序行的序号。此序号自动显示，当插入或删除行时，行号会自动按顺序改变。

2．便利的文件编辑功能

在编辑命令时，某些命令可以重复使用，此时如果使用与 office 办公软件一样的复制、粘贴、剪切和替换等功能，将会大大提高程序编辑的速度。松下机器人程序编辑窗口可以进行语句的复制、粘贴、剪切和替换等操作。

（1）程序编辑过程中常用图标

为更好更快地完成编辑工作，熟知编辑操作中的常用图标是非常必要的，见表4-2。

表4-2　机器人程序编辑操作常用图标及说明

序号	图标	定义	功能
1		示教内容	用于程序编辑模式的选择，如增加、修改和删除
2		追加	用于程序编辑模式下选择追加模式
3		删除	用于程序编辑模式下选择删除模式
4		修改	用于程序编辑模式下选择修改模式

序号	图标	定义	功能
5		复制	用于程序编辑状态下的复制操作
6		剪切	用于程序编辑状态下的剪切操作
7		查找	用于程序编辑状态下的查找操作
8		替换	用于程序编辑状态下的替换操作
9		粘贴（顺序）	用于程序编辑状态下按顺序粘贴操作
10		粘贴（逆序）	用于程序编辑状态下按逆序粘贴操作
11		空走点	用于示教模式下将示教点设置成空走点
12		焊接点	用于示教模式下将示教点设置成焊接点
13		插补方式	用于示教模式下的插补方式选择
14		PTP	用于示教模式下的 PTP 方式选择
15		直线插补	用于示教模式下选择直线插补方式
16		直线摆动	用于示教模式下选择直线摆动方式
17		圆弧插补	用于示教模式下选择圆弧插补方式
18		圆弧摆动	用于示教模式下选择圆弧摆动方式

（2）命令的复制操作

复制操作是将选择的内容复制到剪贴板上。具体操作步骤如下。

① 使机器人跟踪图标 处于绿灯灭状态下，将光标移动到要开始复制的命令行上。

② 按 将光标移动至菜单图标上，选择 【编辑】，在下拉菜单中选择 【复制】。

提示：通过按用户功能区图标也可实现。

③ 转动【拨动按钮】，选中需要复制的命令行，然后侧击【拨动按钮】确认复制。

④ 按 或单击确认窗口中的"OK"按钮，即可完成所选命令的复制。

（3）命令的粘贴操作

粘贴操作是将剪切或复制到剪贴板上的内容贴到其他位置。具体操作步骤如下。

① 使机器人跟踪图标 处于绿灯灭状态下，将光标移动到要粘贴的命令行上。

② 按 移动光标至菜单图标上，选中 【编辑】 【粘贴顺】或 【粘贴逆】。

提示：通过按用户功能区图标也可实现。

（4）命令的剪切操作

剪切操作是指将选中的若干命令行从程序文件中删除，并将其移动到剪贴板上。具体操作步骤如下。

① 使机器人跟踪图标 处于绿灯灭状态下，将光标移动到要剪切的命令行上。

② 按 将光标移动至菜单图标上，选中 【编辑】，在下拉菜单中选择 【剪切】。

提示：通过按用户功能区图标也可实现。

③ 转动【拨动按钮】，选中要剪切的命令行，然后侧击【拨动按钮】确认剪切。

④ 按 或单击确认窗口中的"OK"按钮，完成所选命令的剪切操作。

知识拓展：

- 将要复制的内容粘贴到其他位置时，执行"粘贴"即可。

- 执行复制后，之前暂时存在于剪贴板的内容将被自动删除掉。

- 【粘贴顺】是将剪贴板中的数据直接粘贴到文件中，【粘贴逆】是将剪贴板中的数据以倒序粘贴到文件中。

- 使用 【粘贴逆】便于进行往返动作时的示教。只需要示教前行路线，将其复制后，使用【粘贴逆】即可完成返回路线的程序编辑。

- 粘贴操作可以像使用电脑一样进行反复执行。

- 剪贴板只是临时存储需要移动或复制的若干文档。执行剪切后，之前暂存在剪贴板中的内容将被自动删除。

二、焊接条件的设定

当试件选材为厚度是 4mm 的 45 钢板时，CO_2 焊接机器人的焊接参数设定如下。

焊接电流：140～160A。

焊接电压：19.6～20.6V。

焊接速度：0.45～0.50m/min。

保护气体流量：10～15L/min。

1. 设定焊接开始规范参数——ARC-SET 命令

① 将光标移动到 ARC-SET 命令语句上，侧击【拨动按钮】，在弹出窗口中输入焊接电流、焊接电压和焊接速度参数，如图 4-4 所示。

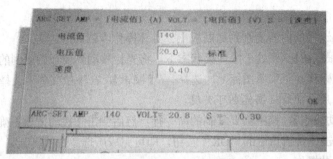

图 4-4 设定焊接开始规范参数窗口

② 单击界面上的"OK"按钮保存设定好的数据。

2. 设定焊接结束规范参数——CRATER 命令

① 将光标移动到 CRATER 命令语句上，侧击【拨动按钮】，在弹出窗口中输入焊接电流、焊接电压和填坑时间。

② 单击界面上的"OK"按钮保存设定好的数据。

知识拓展：松下 CO_2/MAG 焊接机器人在出厂时，为了提高生产效率，厂家已各预设了 5 套焊接开始规范和焊接结束规范，并以编号形式供操作者进行选择，见表 4-3、表 4-4。

表 4-3 松下 CO_2/MAG 焊接机器人在出厂时预设的焊接开始规范参数

编号	1	2	3	4	5
焊接电流/A	120	160	200	260	320
电弧电压/V	19.2	20.6	22.8	27.2	35.0
速度/（m/min）	0.50	0.50	0.50	0.50	0.50

表 4-4 松下 CO_2/MAG 焊接机器人在出厂时预设的焊接结束规范参数

编号	1	2	3	4	5
焊接电流/A	100	120	160	200	260
电弧电压/V	18.2	19.2	20.6	22.8	27.2
填坑时间/s	0.00	0.00	0.00	0.00	0.00

3. 保护气体流量的手动调节

① 按用户功能图标由 变为 （绿灯由灭变亮），打开送丝检气功能。

② 按动作功能图标由 变为 （绿灯由灭变亮），打开检气功能，然后手动调节压力至合适范围。

③ 选择 焊枪正向送丝，选择 焊枪退丝。

三、机器人直线运动轨迹的示教

使用焊接机器人完成直线运动轨迹的自动焊接，需要在以下三个方面进行示教：运动轨迹、作业条件和作业顺序。

两点成一线，机器人完成直线焊缝的焊接仅需示教两个特征点就可以，即直线的两个端点，插补方式选择"MOVEL"。这里以图 4-5 所示的运动轨迹为例，简述直线轨迹示教编程的要领。图 4-5 中，P002→P003、P003→P004、P004→P005 均为直线运动，其中 P003→P004 为焊接区间。机器人的直线焊缝示教程序如图 4-6 所示。

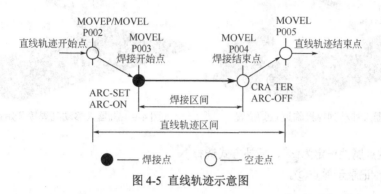

图 4-5　直线轨迹示意图

下面以图 4-2 所示的运动轨迹为例，编辑一段直线焊缝的作业程序，此程序由 6 个示教点组成，编号为①～⑥。处于待机位置的示教点①、⑥是原点，要处于与工件、夹具不干涉的位置。另外，示教点⑤向示教点⑥移动过程中，也要处于与工件、夹具不干涉的位置。

1.　示教点①——机器人原点

① 轻轻握住【安全开关】，接通伺服电源，打开机器人动作功能，图标由 ![icon] 变为 ![icon]（绿灯由灭变亮）。

② 按【右切换键】，将示教点属性设定为 ![icon]，插补方式选择 ![icon]。

③ 按下 ![icon] 记录下机器人原点，如图 4-7 所示。

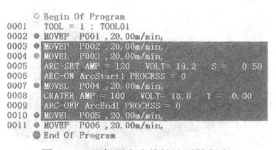

图 4-6　GⅢ机器人直线轨迹示教程序

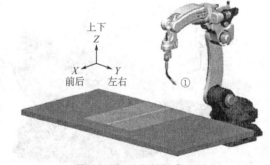

图 4-7　机器人待机①位置

2.　示教点②——焊接临近点

① 将机器人坐标系切换至 ![icon] 直角坐标系。

② 手动操纵机器人移向焊接开始点附近，并改变焊枪角度使其适合焊接作业，如图 4-8 所示。

③ 将示教点属性设定为 ![icon]，插补方式选择 ![icon] 或 ![icon]。

④ 按下 ![icon] 记录示教点②。

3.　示教点③——焊接开始点

① 保持焊枪角度不变，在直角坐标系下将机器人移到焊接开始点，如图 4-9 所示。

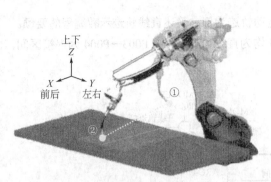

图 4-8　机器人移动到焊接临近点②位置

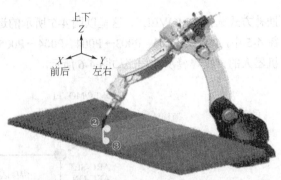

图 4-9　机器人移动到焊接开始点③位置

② 将示教点属性设定为 $\mathscr{O}$ ，插补方式选择 $\nwarrow$ 。

③ 按下 $\Rightarrow$ 记录示教点③。

4. 示教点④——焊接结束点

① 保持焊枪角度不变，在直角坐标系下将机器人移到焊接结束点，如图 4-10 所示。

② 将示教点属性设定为 $\mathscr{O}$ ，插补方式选择 $\nwarrow$ 。

③ 按下 $\Rightarrow$ 记录示教点④。

5. 示教点⑤——焊枪规避点

① 保持焊枪角度不变，将坐标系切换到 $\mathscr{U}$ 工具坐标系下，沿 X 轴将机器人移动到不碰触夹具的位置，即焊枪规避点⑤，如图 4-11 所示。

② 将示教点属性设定为 $\mathscr{O}$ ，插补方式选择 $\nwarrow$ 。

③ 按下 $\Rightarrow$ 记录示教点⑤。

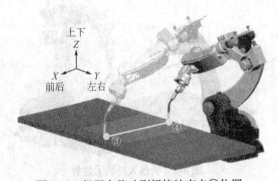

图 4-10　机器人移动到焊接结束点④位置

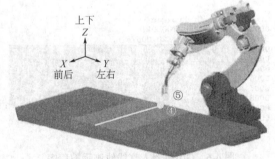

图 4-11　机器人移动到焊枪规避位置

6. 示教点⑥——机器人原点

① 关闭机器人动作功能，机器人进入编辑状态，将光标移动到示教点①所在命令行。

② 使用复制功能，复制示教点①命令。按用户功能图标 （复制），侧击【拨动按钮】完成此复制操作。

③ 将光标移动到示教点⑤所在的命令行，按用户功能图标 （粘贴），完成粘贴命令操作。示教点⑥记录完毕。

至此，运动轨迹示教完成，程序命令的主要部分参看表 4-5。

表4-5 平板对接平焊程序主体部分

行标		命令	说明
◯		Begin of Program TOOL=1：TOOL01	程序开始 末端工具选择
●		MOVEP P001，10m/min	机器人原点位置——示教点①
●		MOVEP P002，10m/min	移到焊接临近点——示教点②
焊接区间	●	MOVEL P003，5m/min ARC-SET AMP=100 VOLT=19.2 S=0.50 ARC-ON ArcStart1…	移到焊接开始点——示教点③ 焊接开始规范参数设定 开始焊接
	●	MOVEL P004，5m/min CRATER AMP=100 VOLT=18.2 T=0.00 ARC-OFF ArcEnd1…	移到焊接结束点——示教点④ 焊接结束规范参数设定 结束焊接
●		MOVEL P005，5m/min	移到焊枪规避点——示教点⑤
●		MOVEL P006，10m/min	移回原点位置——示教点⑥
●		End of Program	程序结束

四、跟踪测试及焊接

为了确保焊接质量，必须在实施焊接前进行程序的试运行。如果轨迹符合要求，便可进行实际焊接。

1. 跟踪测试

① 将光标移动至程序开始"Begin of Program"位置。

② 选中菜单图标，🔲ₜₑₛₜ→🔲ₜₑₛₜ，打开程序测试界面。

③ 在按住🔲ₜₑₛₜ的同时，持续按住【拨动按钮】或【+键】，机器人将沿①→②→③→④→⑤→⑥路径运动。

2. 实施焊接

① 确认光标在程序开始位置"Begin of Program"位置。

② 将【模式切换开关】对准"AUTO"位置，选择自动运行模式。关闭电弧锁定功能，图标🔲绿灯灭。

③ 接通伺服电源。

④ 按【启动开关】机器人将开始运行，实施焊接过程。

五、机器人焊接中常见的焊接缺陷及其调整

使用机器人焊接时，若焊接条件设定不合理，常会出现气孔、咬边、塌陷、虚焊等焊接缺陷。机器人焊接缺陷产生的原因及防止措施见表4-6。

表4-6　机器人焊接时常见焊接缺陷的产生原因及防止措施

缺陷类型	产生原因	防止措施
气孔	焊接参数如电流、电压、速度等不合适	根据弧长调整电压，在合适的电压范围内使用，选择合适的焊接规范
	保护气体流量不足	可以忽略风的情况下，基本流量为15～30L/min，根据工作条件改变气体流量
	外部环境：风的影响	关闭门窗 焊接中避免使用风扇 使用隔板等防风设备
	焊枪喷嘴上有飞溅	除去堆积的飞溅 选择合适的焊接条件，防止产生过多的飞溅 调整焊枪角度及喷嘴高度，减少飞溅附着
	工件表面清理不彻底，有氧化皮、锈、油污、油漆等	用稀料、刷子、砂轮机等去除杂物
	焊枪角度、焊丝干伸长不合适	使焊枪前倾角变小 焊丝干伸长量要根据焊接条件来设定
咬边	焊接电流过大	减小焊接电流
	焊接速度过大	降低焊接速度
	电弧电压不合适	选择合适的电压或偏低的电压
	焊枪角度，焊丝尖端点对准不当	选择合适的焊枪角度和焊丝尖端点位置
虚焊	焊件表面不干净	除去铁锈、油污等
	焊接条件不合适	调整焊接速度、焊接电流、焊丝尖端点位置、焊枪角度等
塌陷	焊接速度过快	降低焊接速度
	焊接电压过高	设定较低的电压
焊瘤	焊枪角度不合适	T形搭接焊时，焊枪瞄准角度为前倾角
	焊接电流过大	设定较低的焊接电流
	焊丝尖端点对准不当	薄板焊接时，焊丝尖端点位置在工件前1～1.5mm处

【阅读材料】 示教跟踪

1. 示教跟踪时常用的图标

跟踪切换：[图标]灯灭跟踪关闭；[图标]灯亮跟踪打开。

[图标]一边按下前进，一边转动拨动按钮或者"+"键，等同于[图示]

[图标]一边按下后退，一边转动拨动按钮或者"－"键，等同于[图示]

2. 跟踪操作有两种

跟踪前进-光标移动到下一个点[图示]；跟踪退-移动到光标所在点[图示]

【任务实施】

项目任务书 4-1

任务名	焊接机器人的直线轨迹示教		
指导教师		工作组员	
工作时间		工作地点	

任务目标	考核点
了解焊接机器人示教的基本流程 掌握焊接机器人直线轨迹焊缝示教的基本要领 能够熟练设定机器人的焊接作业条件	能够使用示教器编辑机器人直线轨迹作业程序

任务内容
用 CO_2 作保护气体，使用直径 1.2mm 的 H08Mn2SiA 焊丝完成两块 45 钢板（180mm×50mm×4mm）的机器人对接施焊作业

考核项目	机器人示教的基本流程
	直线运动轨迹示教
	作业条件的设定
	轨迹的确认与跟踪

任务前准备		
主要设备	松下弧焊机器人	YD-350GR3 数字弧焊电源
辅助工具	焊接工具	常用工具
学习资料	焊接机器人操作指导书	机器人安全操作规程

备注

项目完成情况总结	
自我表现评价	
指导教师评价	

【任务小结】

通过本任务的学习，学生能独立操作机器人直线运动轨迹的示教，并且能够设定焊接条件、确认轨迹并施焊，在机器人焊接中遇到的焊接缺陷能够自行调整，并且也能够了解直线轨迹焊缝程序的编辑。

思考与练习

1．Panasonic 机器人完成直线焊缝的焊接需要示教_____个特征点，插补方式选择_____。

2．机器人的示教主要在程序编辑窗口进行，Panasonic 机器人程序内容画面主要由_____、_____、_____及_____等几部分组成。

3．机器人焊接中产生气孔的原因及调整措施？

任务二　焊接机器人的圆弧轨迹示教

【任务描述】

固定管板焊接根据接头形式不同，可分为插入式管板和骑坐式管板两类。本任务要求手动操纵机器人使用二氧化碳气体保护焊方法进行骑坐式管-板角接接头的焊接。焊丝选用直径为 1.2mm 的 H08Mn2SiA 焊丝，工件尺寸为管（ϕ60mm×3mm）-板（100mm×100mm×8mm），材质为 45 钢。相对位置如图 4-12 所示。机器人对工件进行垂直俯位焊接作业。

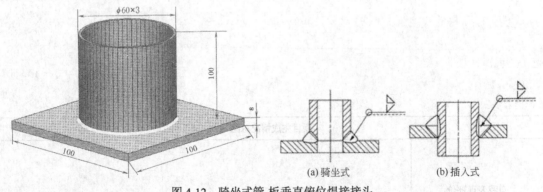

图 4-12　骑坐式管-板垂直俯位焊接接头

【任务分析】

骑坐式管-板角接接头的焊接与 T 形接头相似。有所不同的是，管-板焊缝的运动轨迹为圆周运动。由于管与板存在一定厚度的差，两者受热不均、熔化情况不同，容易产生咬边、焊偏等焊接缺陷。用机器人完成圆周轨迹焊缝的焊接共需 9 个示教点，如图 4-13 所示。每个示教点的焊枪角度见表 4-7，任务完成后，填写完成项目任务报告。

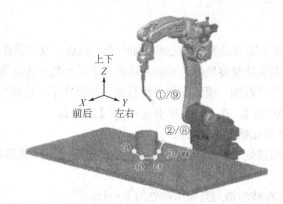

图 4-13 骑坐式管-板垂直俯位焊接机器人运动轨迹及示教点

表 4-7 骑坐式管-板垂直俯位焊接示教点说明

示教点	焊枪角度/(°)			用途
	U	V	W	
①	180	45	180	机器人原点
②	0	45	−180	焊接临近点
③	0	45	−180	圆弧焊接开始点
④	−90	45	−180	圆弧焊接中间点
⑤	180	45	180	圆弧焊接中间点
⑥	90	45	180	圆弧焊接中间点
⑦	0	45	−180	圆弧焊接结束点
⑧	0	45	−180	焊枪规避点
⑨	180	45	180	机器人原点

【知识储备】

一、示教点的常用编辑操作

焊接机器人程序的编辑一般是不能一步到位的，即使是程序高手，也是需要调试和完善的。在示教点的编辑修改中，最常见的有示教点的变更、追加和删除。

1. 变更示教点

图 4-14 中的示教点②的位置坐标变更的具体操作步骤如下。

① 打开文件，将光标移动到需要登录更改的示教点②的位置上。

② 确认程序编辑是否处于"修改"模式。如果没有处于此模式下，可以按 📖 将光标移动到菜单图标上，选中 📋【示教内容】，在下拉菜单中选择 📋【修改】。

提示：通过按"用户功能键"也可实现。

③ 确认机器人动作功能处于打开状态（图标为 🤖 绿灯亮起状态），把机器人移动到新的示教点位置。

④ 按下 ⇨ 显示示教点的更改界面，再次按下 ⇨，更改后的位置数据即会被登录。

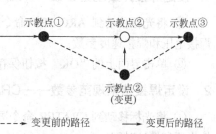

图 4-14 示教点变更

2. 追加示教点

图 4-15 中需要在示教点①和示教点②之间追加一个示教点。具体操作步骤如下。

① 打开文件，使用跟踪功能将机器人移动到示教点①或示教点②位置。

② 确认程序编辑处于"追加"模式。如果没有处于此模式下，可以按 ⬚ 将光标移动至菜单图标上，选中 ⬚ 【示教内容】，在下拉菜单中选择 ⬚ 【追加】。

提示：通过按"用户功能键"也可实现。

③ 确认机器人动作功能处于打开状态（图标 ⬚ 绿灯亮起状态），将机器人移动到预追加的示教点位置。

④ 按下 ⬚ ，示教点将被添加到光标所在处的下一行。

3. 删除示教点

有时需要将多余的示教点删除掉。如图 4-16 所示，删除图中的示教点②，具体操作步骤如下。

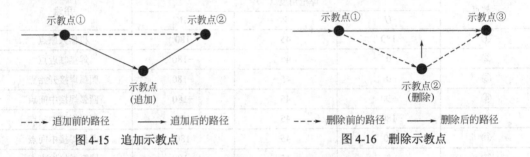

图 4-15　追加示教点　　　　　　　　　　图 4-16　删除示教点

① 打开文件，操作【拨动按钮】将光标移动到需要删除的示教点②上。

② 确认程序编辑处于"删除"模式。如果没有处于此模式下，可以按 ⬚ 将光标移动到菜单图标上，选中 ⬚ 【示教内容】，在下拉菜单中选择 ⬚ 【删除】。

提示：通过按"用户功能键"也可实现。

③ 按下 ⬚ ，出现删除界面确认，再次按下 ⬚ ，即可将示教点删除。

二、焊接条件的设定

机器人骑坐式管-板俯位焊接工艺参数如下。

焊接电流：150～170A。

焊接电压：20.1～21.3V。

焊接速度：0.45～0.50m/min。

1. 设定焊接开始规范参数——ARC–SET 命令

① 将光标移动到 ARC-SET 命令语句上，侧击【拨动按钮】，在弹出窗口中输入焊接电流、焊接电压和焊接速度参数。

② 单击界面上的"OK"按钮保存设定好的数据。

2. 设定焊接结束规范参数——CRATER 命令

① 将光标移动到 CRATER 命令语句上，侧击【拨动按钮】，在弹出窗口中输入焊接电流、焊接电压和填坑时间。

② 单击界面上的"OK"按钮保存设定好的数据。

3. 保护气体流量的手动调节

① 按用户功能图标由 🔧 变为 🔧（绿灯由灭变亮），打开送丝检气功能。

② 按动作功能图标由 🍶 变为 🍶（绿灯由灭变亮），打开检气功能，然后手动调节压力至合适范围。

三、圆弧轨迹的示教

机器人完成圆周焊缝的焊接通常需要示教 3 个以上特征点，即圆弧焊接开始点、圆弧焊接中间点和圆弧焊接结束点，其插补方式选择"MOVEC"。如果圆弧示教时如图 4-17 所示，P003、P004、P005 三个点采用圆弧插补示教。进入圆弧插补前的 P002 点采用 PTP 或直线插补示教，P002 到 P003 的轨迹自动生成直线运动，机器人作业程序如图 4-18 所示。

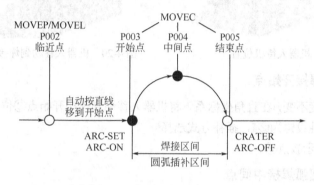

图 4-17　圆弧轨迹示教说明

```
○ Begin Of Program
0001    TOOL = 1 : TOOL01
0002  ⊕ MOVEP  P001 , 20.00m/min
0003  ⊕ MOVEP  P002 , 20.00m/min
0004  ⊕ MOVEC  P003 , 20.00m/min
0005    ARC-SET AMP = 120    VOLT= 19.2    S = 0.50
0006    ARC-ON ArcStart1 PROCESS = 0
0007  ⊕ MOVEC  P004 , 20.00m/min
0008  ⊕ MOVEC  P005 , 20.00m/min
0009    CRATER AMP = 100    VOLT= 18.2    T = 0.00
0010    ARC-OFF ArcEnd1 PROCESS = 0
0011  ⊕ MOVEL  P006 , 20.00m/min
0012  ⊕ MOVEP  P007 , 20.00m/min
      ⊕ End Of Program
```

图 4-18　圆弧轨迹示教程序

下面以图 4-13 所示的运动轨迹为例，给机器人输入一段圆弧焊缝的作业程序，此程序由编号①~⑨的 9 个示教点组成。处于待机位置的示教点①、⑨是原点，要处于与工件、夹具不干涉的位置。另外，示教点⑧向示教点⑨移动过程中，也要处于与工件、夹具不干涉的位置。

1. 示教点①——机器人原点

① 轻轻握住【安全开关】，接通伺服电源，打开机器人动作功能，图标由 🤖 变为 🤖（绿灯由灭变亮）。

② 按【右切换键】，将示教点属性设定为 ✍，插补方式选择 ↘。

③ 按下 ⇨ 记录机器人原点，如图 4-19 所示。

2. 示教点②——焊接临近点

① 将机器人坐标系切换至 ⬰ 直角坐标系。

② 手动操纵机器人移向圆弧焊接临近点②位置，并改变焊枪角度使其适合焊接作业，如图 4-20 所示。

③ 将示教点属性设定为 🖉，插补方式选择 ⤵。

④ 按下 ⇨ 记录示教点②。

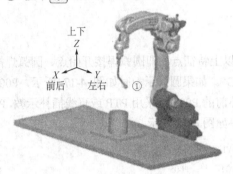

图 4-19　机器人待机位置

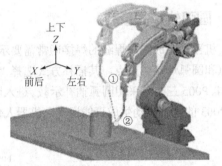

图 4-20　机器人移动到焊接作业临近点②位置

3. 示教点③——焊接开始点

① 保持焊枪角度不变，在直角坐标系下将机器人移动到焊接开始点③位置，如图 4-21 所示。

② 将示教点属性设定为 🖉，插补方式选择 ⤵。

③ 按下 ⇨ 记录示教点③。

4. 示教点④——圆弧焊接中间点

① 在直角坐标系下将机器人移动到圆弧焊接中间点④位置，使用 U 轴 🔄 改变焊枪角度使其满足焊接作业要求，如图 4-22 所示。

② 将示教点属性设定为 🖉，插补方式选择 ⤵。

③ 按下 ⇨ 记录示教点④。

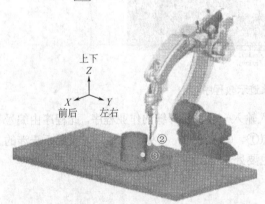

图 4-21　机器人移动到圆弧焊接作业开始点③位置

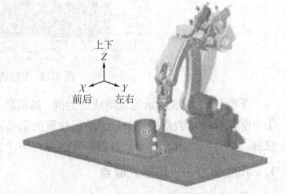

图 4-22　机器人移动到圆弧焊接中间点④位置

5. 示教点⑤——圆弧焊接中间点

① 在直角坐标系下将机器人移动到圆弧焊接中间点⑤位置，使用 U 轴 🔄 改变焊枪角度使其满足焊接作业要求，如图 4-23 所示。

② 将示教点属性设定为 🖉，插补方式选择 ⤵。

③ 按下 ⇨ 记录示教点⑤。

6. 示教点⑥——圆弧焊接中间点

① 在直角坐标系下将机器人移动到圆弧焊接中间点⑥位置，使用 U 轴 改变焊枪角度使其满足焊接作业要求，如图 4-24 所示。

② 将示教点属性设定为 ，插补方式选择 。

③ 按下 记录示教点⑥。

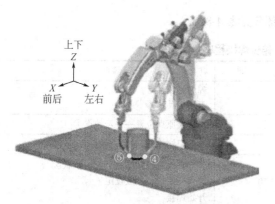

图 4-23 机器人移动到圆弧焊接中间点⑤位置

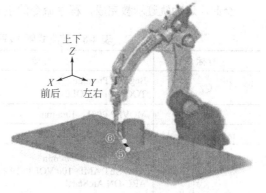

图 4-24 机器人移动到圆弧焊接中间点⑥位置

7. 示教点⑦——圆弧焊接结束点

① 在直角坐标系下将机器人移动到圆弧焊接结束点⑦位置，使用 U 轴 改变焊枪角度使其满足焊接作业要求，如图 4-25 所示。

② 将示教点属性设定为 ，插补方式选择 。

③ 按下 记录示教点⑦。

8. 示教点⑧——焊枪规避点

① 将坐标系切换到 工具坐标系下，沿 X 轴把机器人移动到不碰触工件和夹具的位置，如图 4-26 所示。

② 将示教点属性设定为 ，插补方式选择 。

③ 按下 记录示教点⑧。

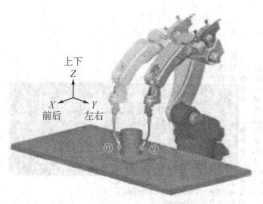

图 4-25 机器人移动到圆弧焊接结束点⑦位置

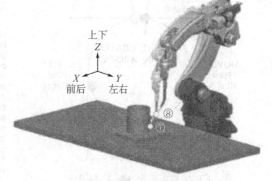

图 4-26 机器人移动到焊枪规避点⑧位置

9. 示教点⑨——机器人原点

① 关闭机器人动作功能，进入编辑状态，将光标移动到示教点①所在命令行。

② 使用复制功能，复制示教点①命令，按用户功能图标 📋 （复制），并侧击【拨动按钮】完成复制操作。

③ 将光标移动到示教点⑧所在的命令行，按用户功能图标 📋 （粘贴），完成粘贴命令操作。示教点⑨记录完毕。

至此，运动轨迹示教完成，程序命令的主要部分见表4-8。

表4-8　骑坐式管-板垂直俯位焊接程序主体部分

行标		命令	说明
⊖		Begin of Program TOOL=1: TOOL01	程序开始 末端工具选择
●		MOVEP P001，10m/min	机器人原点位置——示教点①
●		MOVEP P002，10m/min	移到焊接作业开始临近点——示教点②
焊接区间	●	MOVEC P003，5m/min ARC-SET AMP=100 VOLT=19.2 S=0.50 ARC-ON ArcStart1…	移到圆弧焊接开始点——示教点③ 焊接开始规范参数设定 开始焊接
	●	MOVEC P004，5m/min	移到圆弧焊接中间点——示教点④
	●	MOVEC P005，5m/min	移到圆弧焊接中间点——示教点⑤
	●	MOVEC P006，5m/min	移到圆弧焊接中间点——示教点⑥
	●	MOVEC P007，5m/min CRATER AMP=100 VOLT=18.2 T=0.00 ARC-OFF ArcEnd1…	移到圆弧焊接结束点——示教点⑦ 焊接结束规范参数设定 焊接结束
●		MOVEL P008，5m/min	移到焊枪规避点——示教点⑧
●		MOVEP P009，10m/min	移回原点位置——示教点⑨
●		End of Program	程序结束

知识拓展：如果示教轨迹为整个圆周时，如图4-27所示，P003、P004、P005和P006四个点采用圆弧插补示教，机器人作业程序如图4-28所示。

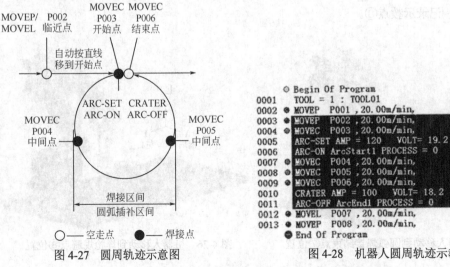

图4-27　圆周轨迹示意图

图4-28　机器人圆周轨迹示教程序

四、跟踪测试及焊接

为了确保焊接质量，必须在实施焊接前进行程序的试运行。如果轨迹符合要求，便可进行实际焊接。

1. 跟踪测试

① 将光标移动至程序开始"Begin of Program"位置。

② 选中菜单图标 🔲TEST → 🔲TEST，打开程序测试界面

③ 在按住 🔲TEST 的同时，持续按住【拨动按钮】或 ⊕【+键】，机器人将沿①→②→③→④→⑤→⑥→⑦→⑧→⑨路径运动。

2. 实施焊接

① 确认光标在程序开始"Begin of Program"位置。

② 将【模式切换开关】对准"AUTO"位置，选择自动运行模式。关闭电弧锁定功能，图标 🔲 绿灯灭。

③ 接通伺服电源。

④ 按【启动开关】机器人将开始运行，实施焊接过程。

五、机器人焊接中常见的焊接缺陷及其调整

使用机器人焊接时，若焊接条件设定不合理，常会出现气孔、咬边、塌陷、虚焊等焊接缺陷。机器人焊接缺陷的产生原因及防止措施见表4-6。

【阅读材料】 修改焊接规范

如图4-29所示，P_4 为焊接中间点，P_5 为焊接结束点。

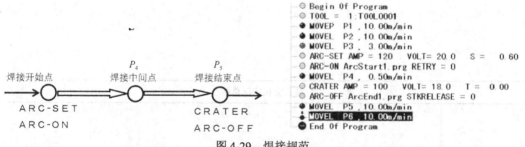

图4-29　焊接规范

焊接开始点：ARC-SET——指定电流、电压、速度；

　　　　　　ARC-ON——为了开始焊接，调入程序 ArcStart；

　　　　　　CRATER——指定弧坑电流、电压、时间；

　　　　　　ARC-OFF——为了结束焊接，调入程序 ArcEnd。

从中间点修改焊接规范（将只修改后面的输入规范）：ARC-SET——输入电流、电压、速度；

　　　　　　　　　　　　　　　　　　　　　　　　　AMP——输入电流；

　　　　　　　　　　　　　　　　　　　　　　　　　VOLT——输入电压。

【任务实施】

项目任务书 4-2

任务名	焊接机器人的圆弧轨迹示教		
指导教师		工作组员	
工作时间		工作地点	

任务目标		考核点
掌握焊接机器人圆弧轨迹焊缝示教的基本要领 能够熟练设定机器人的焊接作业条件		能够使用示教器编辑机器人直线轨迹作业程序

任务内容
用 CO_2 作保护气体，使用直径 1.2mm 的 H08Mn2SiA 焊丝骑坐式管（ϕ60mm×3mm）-板（100mm×100mm×10mm）的垂直俯位焊接作业

考核项目	机器人示教的基本流程
	圆弧运动轨迹示教
	作业条件的设定
	轨迹的确认与跟踪

任务前准备		
主要设备	松下弧焊机器人	YD-350GR3 数字弧焊电源
辅助工具	焊接工具	常用工具
学习资料	焊接机器人操作指导书	机器人安全操作规程

备注

项目完成情况总结	
自我表现评价	
指导教师评价	

【任务小结】

通过本任务的学习，学生能独立操作机器人圆弧运动轨迹的示教，并且能够设定焊接条件、确认轨迹并施焊，在机器人焊接中遇到的焊接缺陷能够自行调整，并且也能够了解圆弧轨迹焊缝程序的编辑。

思考与练习

1. Panasonic 机器人完成圆周焊缝的焊接通常需要示教_____个以上特征点，它们分别是_____、_____和_____，插补方式选择_____。

2. 在示教点的编辑修改中，最常见的有示教点的_____、_____和_____。

任务三 焊接机器人的摆动功能示教

【任务描述】

为了达到焊缝的宽度要求，焊接时焊枪除了在焊接方向上进行运动，还要进行左右摆动。本任务要求手动操纵机器人使用二氧化碳气体保护焊方法进行平板对接单面焊双面成形的焊接，焊丝选用直径为 1.2mm 的 H08Mn2SiA 焊丝，工件采用两块 45 钢板（180mm×50mm×10mm）的作业。

【任务分析】

单面焊双面成形工艺一般用于无法进行双面施焊但又要求焊透的焊接接头情况。此种技术适用于 V 形或 U 形坡口多面焊的焊件，要求焊缝正、背面均匀整齐，成形良好，广泛应用于锅炉、压力容器、管道以及其他一些重要的焊接结构中。用机器人完成图 4-30 所示焊缝的单面焊双面成形一共需要 13 个示教点，如图 4-31 所示，每个示教点的焊枪角度见表 4-9。任务完成后填写项目任务完成报告。

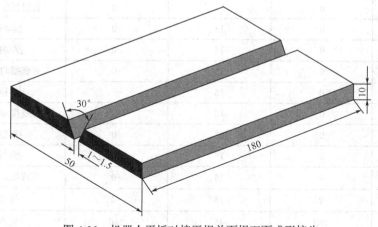

图 4-30 机器人平板对接平焊单面焊双面成形接头

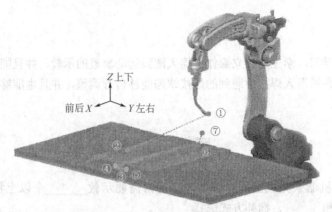

（a）打底层运动轨迹

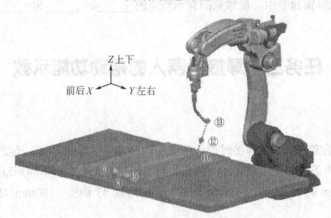

（b）盖面层运动轨迹

图 4-31　机器人平板对接平焊单面焊双面成形运动轨迹

表 4-9　平板对接平焊单面焊双面成形示教点说明

示教点	焊枪姿态/(°)			用途
	U	V	W	
①	180	45	180	机器人原点
②	0	15	−0	焊接临近点
③	0	15	−0	直线摆动/焊接开始点
④	0	15	−0	摆动振幅点 1
⑤	0	15	−0	摆动振幅点 2
⑥	0	15	−0	直线摆动/焊接结束点
⑦	0	15	−0	焊枪规避点
⑧	0	15	−0	直线摆动/焊接开始点
⑨	0	15	−0	摆动振幅点 1
⑩	0	15	−0	摆动振幅点 2
⑪	0	15	−0	直线摆动/焊接结束点
⑫	0	15	−0	焊枪规避点
⑬	180	45	180	机器人原点

【知识储备】

一、摆动示教及摆动参数的设置

摆动示教可以分为直线摆动和圆弧摆动。

1. 直线摆动示教

通常，机器人完成直线焊缝的摆动焊接需要示教 4 个以上特征点：一个摆动开始点、两个振幅点和一个摆动结束点。其插补方式为"MOVELW"，振幅点设置指令用"WEAVEP"。如图 4-32 所示，如果要完成直线轨迹摆动示教，其焊接作业程序如图 4-33 所示。

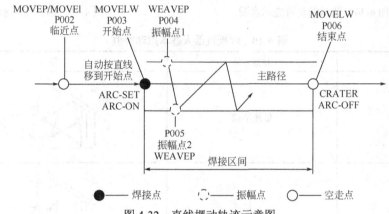

图 4-32 直线摆动轨迹示意图

2. 圆弧摆动示教

通常，机器人完成圆弧焊缝的摆动焊接需要示教 5 个以上特征点：一个摆动开始点、两个振幅点、一个摆动中间点和一个摆动结束点。其插补方式为"MOVECW"，振幅点设置指令用"WEAVEP"。如图 4-34 所示，如果要完成圆弧摆动示教，其焊接作业程序如图 4-35 所示。

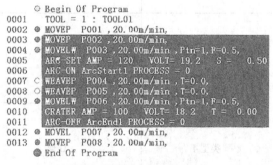

图 4-33 直线摆动示教程序

3. 摆动参数的设定

机器人摆动参数的设定包括摆动类型、摆动频率、摆动幅度和振幅点停留时间的设定。以上参数的设定均可通过示教点属性画面上对应的选项进行操作完成。

（1）摆动类型设定

摆动开始点里进行摆动类型的设定。摆动的类型分为低速单摆、L 形摆动、三角形摆动、U 形摆动、梯形摆动及高速单摆六种。可以通过示教点属性画面上的"模式编号"选项进行指定。摆动类型见表 4-10。

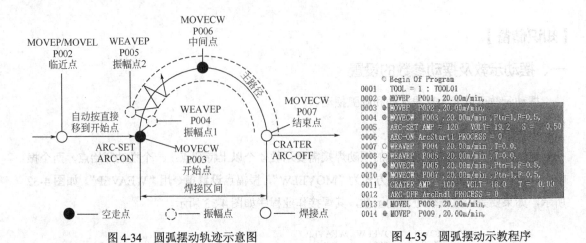

图 4-34　圆弧摆动轨迹示意图　　　　　　图 4-35　圆弧摆动示教程序

表 4-10　焊接机器人基本摆动类型

编号	类型名称	图示
类型 1	低速单摆	
类型 2	L 形	
类型 3	三角形	
类型 4	U 形	
类型 5	梯形	
类型 6	高速单摆	

（2）摆动频率设定

摆动结束点里进行摆动频率的设定。通过示教点属性画面上的"频率"选项输入数值。摆动频率的设定应满足最快 5Hz（摆动类型 1～5）或最快 9.9Hz（摆动类型 6）。

（3）摆动幅度和振幅点停留时间的设定

振幅点里进行摆动幅度和振幅点停留时间的设定。通过示教点属性画面上的"振幅"和"时间"选项输入数值。振幅×频率应满足最大 60mm·Hz（摆动类型 1～5）。摆角×频率应满足最大 125°·Hz（摆动类型 6）。

知识拓展：振幅点停留时间应满足 $1/F-(T_0+T_1+T_2+T_3+T_4)>A$，见表 4-11。

表 4-11 A 值与摆动类型的关系

A 值	摆动类型	备注
$A=0.15$	摆动类型 4	
$A=0.1$	摆动类型 1、2、5	F——摆动频率
$A=0.075$	摆动类型 3	T_0——摆动开始点指定的时间值
$A=0.05$	摆动类型 6	$T_1 \sim T_4$——振幅点 1～4 指定的时间值

二、焊接条件的设定

根据焊接工件的情况，CO_2 焊接机器人平板对接平焊单面焊双面成形焊接参数可以参看表 4-12。

表 4-12 平板对接平焊单面焊双面成形焊接参数

焊接参数	打底层	盖面层
焊接电流/A	160～180	220～240
焊接电压/V	20.6～21.8	23.8～25.2
焊接速度/（m/min）	0.20～0.30	0.20～0.30
保护气体流量/（L/min）	12～15	15～20
摆动振幅/mm	2.25	3.43
摆动频率/Hz	2.5	3.0
摆动类型	类型 1（低速摆动）	

由于盖面层与打底层参数设置方法相仿，因此，这里以打底层参数设置为例。

1. 设定焊接开始规范参数——ARC-SET 命令

① 将光标移动到 ARC-SET 命令语句上，侧击【拨动按钮】，在弹出窗口中输入焊接电流、焊接电压和焊接速度参数。

② 单击界面上的"OK"按钮保存设定好的数据。

2. 设定焊接结束规范参数——CRATER 命令

① 将光标移动到 CRATER 命令语句上，侧击【拨动按钮】，在弹出窗口中输入焊接电流、焊接电压和填坑时间。

② 单击界面上的"OK"按钮保存设定好的数据。

3. 在摆动开始点设定摆动类型

① 将光标移动到第一条"MOVELW"命令行上，侧击【拨动按钮】，在弹出窗口中找到"模式编号"位置选择合适的摆动类型。

② 单击界面上的"OK"按钮保存设定好的数据。

4. 在摆动结束点设定摆动频率

① 将光标移动到第二条"MOVELW"命令行上，侧击【拨动按钮】，在弹出窗口中输入摆动频率数值。

② 单击界面上的"OK"按钮保存设定好的数据。

5. 在摆动振幅点设定摆动宽度

① 将光标移动到前两条"WEAVE"命令行上，侧击【拨动按钮】，在弹出窗口中输入摆动振幅数值。

② 单击界面上的"OK"按钮保存设定好的数据。

6. 保护气体流量的手动调节

① 按用户功能图标由 🔧 变为 🔧 （绿灯由灭变亮），打开送丝检气功能。

② 按动作功能图标由 🔩 变为 🔩 （绿灯由灭变亮），打开检气功能，然后手动调节压力至合适范围。

三、运动轨迹示教

下面以图 4-31 所示的运动轨迹为例，编辑一段直线焊缝附加摆动的作业程序，此程序由 13 个示教点组成，编号为①～⑬。处于待机位置的示教点①、⑬是原点，要处于与工件、夹具不干涉的位置。另外，示教点⑦在向示教点⑧移动以及示教点⑫在向示教点⑬移动过程中，也要处于与工件、夹具不干涉的位置。

1. 示教点①——机器人原点

① 轻轻握住【安全开关】，接通伺服电源，打开机器人动作功能，图标由 🔳 变为 🔳 （绿灯由灭变亮）。

② 按【右切换键】，将示教点属性设定为 ✏️ ，插补方式选择 🔗 。

③ 按下 ⇨ 记录下机器人原点，如图 4-36 所示。

2. 示教点②——焊接临近点

① 将机器人坐标系切换至 📐 直角坐标系。

② 手动操纵机器人移向焊接（摆动）开始点附近，并改变焊枪角度使其适合焊接作业，如图 4-37 所示。

③ 将示教点属性设定为 ✏️ ，插补方式选择 🔗 。

④ 按下 ⇨ 记录示教点②。

3. 示教点③——焊接（摆动）开始点

① 保持焊枪角度不变，在直角坐标系下将机器人移到焊接开始点，如图 4-38 所示。

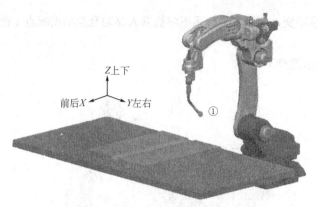

图 4-36 机器人待机位置

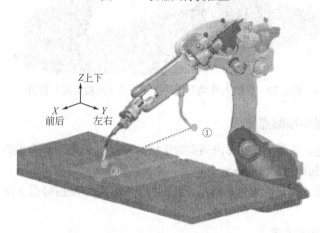

图 4-37 机器人移动到作业临近点②

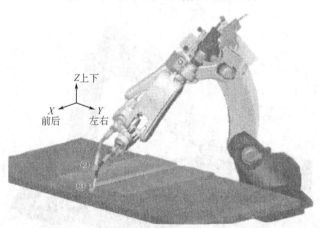

图 4-38 机器人移动到摆动焊接作业开始点③位置

② 将示教点属性设定为 ✐，插补方式选择 ⌇。

③ 按下 ⇨ 记录示教点③。

4. 示教点④——摆动振幅点 1

① 选择插补形态。显示屏上会弹出问询对话框："将下一示教点作为振幅点登录吗？"，此时单击界面上的"YES"按钮，后面紧接着两个点的插补形态将自动设定为"WEAVEP"。

② 保持焊枪角度不变，在直角坐标系下将机器人移动至摆动振幅点 1 位置（示教点④），如图 4-39 所示。

③ 按下 ⇨ 记录示教点④。

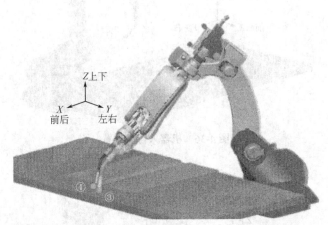

图 4-39　机器人移动至摆动振幅点 1（示教点④）位置

5. 示教点⑤——摆动振幅点 2

① 选择插补形态。显示屏上会弹出问询对话框："将下一示教点作为振幅点登录吗？"，单击界面上的"YES"按钮即可。

② 保持焊枪角度不变，在直角坐标系下将机器人移动至摆动振幅点 2 位置（示教点⑤），如图 4-40 所示。

③ 按下 ⇨ 记录示教点⑤。

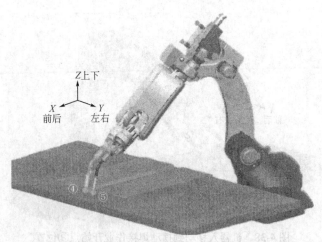

图 4-40　机器人移动至摆动振幅点 2（示教点⑤）位置

6. 示教点⑥——焊接结束点（摆动）

① 在直角坐标系下将机器人移动至直线摆动结束位置，如图 4-41 所示。

② 将示教点属性设定为 ⟋，插补方式选择 ⌁。

③ 按下 ⇨ 记录示教点⑥。

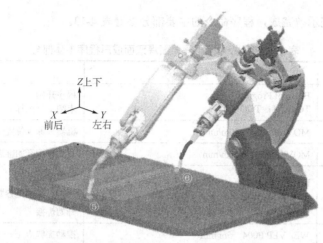

图 4-41　机器人移动至摆动焊接结束点⑥位置

7. 示教点⑦——焊枪规避点

① 保持焊枪角度不变，在 ![icon]工具坐标系下，沿 ![icon]X 轴把机器人移动至不碰触夹具的位置，即焊枪规避点⑦，如图 4-42 所示。

② 将示教点属性设定为 ![icon]，插补方式选择 ![icon]。

③ 按下 ![icon]记录示教点⑦。

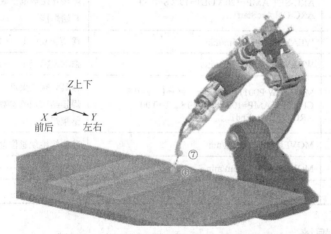

图 4-42　机器人移动到圆弧焊接规避点位置

8. 示教点⑧～⑫

示教点⑧～⑫为盖面层的焊接区间范围（示教点⑫为规避点），其操作与打底层示教点③～⑦的操作相同。具体操作可以参看示教点③～⑦的操作步骤。

9. 示教点⑬——机器人原点

① 关闭机器人动作功能，机器人进入编辑状态，将光标移动到示教点①所在命令行。

② 使用复制功能，复制示教点①命令。按用户功能图标 ![icon]（复制），侧击【拨动按钮】完成复制操作。

③ 将光标移动到示教点⑫所在的命令行，按用户功能图标 ![icon]（粘贴），完成粘贴命令操作。示教点⑬记录完毕。

至此，运动轨迹示教完成，程序命令的主要部分参看表 4-13。

表 4-13　平板对接平焊单面焊双面成形程序主体部分

行标		命令	说明
●		Begin of Program TOOL=1：TOOL01	程序开始 末端工具选择
●		MOVEP P001，10m/min	机器人原点位置——示教点①
●		MOVEP P002，10m/min	移到焊接开始临近点——示教点②
打底层 焊接区间	●	MOVELW P003，5m/min，Ptn=1，F=0.5 ARC-SET AMP=120 VOLT=19.2 S=0.50 ARC-ON ArcStart1…	移到焊接开始点——示教点③ 焊接开始规范参数设定 开始焊接
	●	WEAVEP P004，5m/min	摆动振幅点 1——示教点④
	●	WEAVEP P005，5m/min	摆动振幅点 2——示教点⑤
	●	MOVELW P006，5m/min，Ptn=1，F=0.5 CRATER AMP=100 VOLT=18.2 T=0.00 ARC-OFF ArcEnd1…	移到焊接结束点——示教点⑥ 焊接结束规范参数设定 结束焊接
●		MOVEL P007，5m/min	移到焊枪规避位置——示教点⑦
盖面层焊接 区间	●	MOVELW P008，5m/min，Ptn=1，F=0.5 ARC-SET AMP=120 VOLT=19.2 S=0.50 ARC-ON ArcStart1…	移到焊接开始点——示教点⑧ 焊接开始规范参数设定 开始焊接
	●	WEAVEP P009，5m/min	摆动振幅点 1——示教点⑨
	●	WEAVEP P0010，5m/min	摆动振幅点 1——示教点⑩
	●	MOVELW P0011，5m/min，Ptn=1，F=0.5 CRATER AMP=100 VOLT=18.2 T=0.00 ARC-OFF ArcEnd1…	移到焊接结束点——示教点⑪ 焊接结束规范参数设定 结束焊接
●		MOVEL P0012，5m/min	移到焊枪规避位置——示教点⑫
●		MOVEP P0013，5m/min	移回原点位置——示教点⑬
●		End of Program	程序结束

四、跟踪测试及焊接

为了确保焊接质量，必须在实施焊接前进行程序的试运行。如果轨迹符合要求，便可进行实际焊接。

1. 跟踪测试

① 将光标移动至程序开始"Begin of Program"位置。

② 选中菜单图标，[TEST] → [TEST]，打开程序测试界面。

③ 在按住 [TEST] 的同时，持续按住【拨动按钮】或【+键】，机器人将沿①→②→③→④→⑤→⑥→⑦→⑧→⑨→⑩→⑪→⑫→⑬路径运动。

2. 实施焊接

① 确认光标在程序开始"Begin of Program"位置。

② 将【模式切换开关】对准 "AUTO" 位置，选择自动运行模式。关闭电弧锁定功能，图标 绿灯灭。

③ 接通伺服电源。

④ 按【启动开关】机器人将开始运行，实施焊接过程。

五、机器人焊接中常见的焊接缺陷及其调整

使用机器人焊接时，若焊接条件设定不合理，常会出现气孔、咬边、塌陷、虚焊等焊接缺陷。机器人焊接缺陷的产生原因及防止措施见表 4-6。

【阅读材料】　摆动的跟踪与删除

当运动轨迹为直线摆动运动时，那么摆动的跟踪类型有两种。前进时的动作为 S—①—②—E，在摆动区间内，一边摆动一边跟踪前进。然而，后退时的动作则不同，不用摆动，按照 E—②—①—S 的顺序运行。

如果需要删除摆动，向后跟踪删除全部振幅点①和②，则跟踪轨迹将变为没有摆动的直线；不完全删除振幅点（只删除振幅点②），则前进与后退的跟踪轨迹不同，如图 4-43 所示。

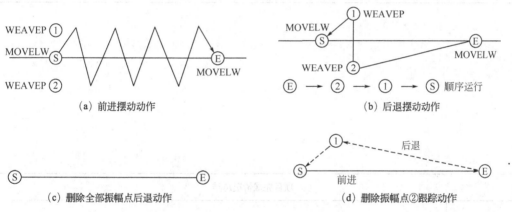

图 4-43　摆动跟踪动作与删除后的动作

【任务实施】

项目任务书 4-3

任务名	焊接机器人的摆动功能示教		
指导教师		工作组员	
工作时间		工作地点	
任务目标		**考核点**	
了解焊接机器人示教的基本流程 掌握焊接机器人直线轨迹焊缝示教的基本要领 能够熟练设定机器人的焊接作业条件		能够使用示教器编辑机器人直线轨迹作业程序	

任务内容	
用 CO_2 作保护气体，使用直径 1.2mm 的 H08Mn2SiA 焊丝完成两块 45 钢板（180mm×50mm×4mm）的机器人平对接单面焊双面成形施焊作业	

考核项目	机器人示教的基本流程
	直线摆动轨迹示教
	作业条件的设定
	轨迹的确认与跟踪

任务前准备		
主要设备	松下弧焊机器人	YD-350GR3 数字弧焊电源
辅助工具	焊接工具	常用工具
学习资料	焊接机器人操作指导书	机器人安全操作规程

备注	

项目完成情况总结	
自我表现评价	
指导教师评价	

【任务小结】

通过本任务的学习，学生能独立操作机器人直线摆动运动轨迹的示教，并且能够设定焊接条件、确认轨迹并施焊，在机器人焊接中遇到的焊接缺陷能够自行调整，并且也能够了解直线摆动轨迹焊缝程序的编辑。

思考与练习

1. 机器人完成直线焊缝的摆动焊接通常需要示教_____个以上的特征点，至少包括_____、_____、_____，插补方式选择_____，振幅点设置用_____指令。

2. 机器人完成环形焊缝的摆动焊接通常需要示教_____个以上特征点，包括_____、_____、_____和_____，插补方式选择_____，振幅点设置用_____指令。

项目五

焊接机器人辅助设备使用及保养

焊接机器人要完成焊接作业，需要依赖控制系统与周边辅助设备的支持和配合，在完整的焊接机器人系统中，焊接机器人的周边设备包括变位机、移动滑台、自动工具转换装置、焊枪清理装置、焊钳电极修磨器等。有了这些设备的辅助，既减少了停机时间、降低了设备故障率、又提高安全系数，从而获得理想的焊接质量。

知识目标

1. 熟悉机器人的典型辅助设备。
2. 掌握焊接机器人辅助设备的示教要领。

技能目标

1. 能够对机器人外部轴进行示教编程。
2. 能够正确使用焊枪清理装置并示教编程。

情感目标

1. 乐于助人，团结合作。
2. 勤奋好学，刻苦钻研。

任务一　外部轴机器控制

【任务描述】

变位机械的配合，可以大大提高焊接生产效率。本任务要求借助焊接变位机辅助焊接，完成骑坐式管-板角接接头船形焊连续焊接，如图 5-1 所示。

【任务分析】

船形焊指的是将角焊缝转换成平焊位置进行焊接。船形焊的优势是可以保证焊脚尺寸均匀。因为通常焊接角焊缝时焊肉容易塌陷，通过变位机将焊接位置变为船形焊后，避免了此类缺陷，提高了生产率和焊接质量。如图 5-1 所示，机器人完成环缝焊接共需要 9 个示教点。焊接过程中，焊枪保持一定的焊接角度和位置不动，焊缝轨迹的运动由变位机的旋转完成。每个示教点的焊枪和变位机姿态参看表5-1。

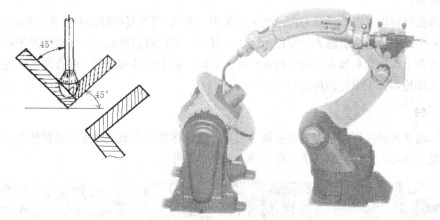

图 5-1　骑坐式管-板角焊缝船形焊

表 5-1　骑坐式管-板船形焊示教点说明

示教点	焊枪角度/(°)			变位机姿态/(°)		用途
	U	V	W	G_1	G_2	
①	180	45	180	0	0	机器人原点
②	0	−0	−0	−45	0	焊接临近点
③	0	−0	−0	−45	0	圆弧焊接开始点
④	0	−0	−0	−45	90	圆弧焊接中间点
⑤	0	−0	−0	−45	180	圆弧焊接中间点
⑥	0	−0	−0	−45	270	圆弧焊接中间点
⑦	0	−0	−0	−45	360	圆弧焊接结束点
⑧	0	−0	−0	0	0	焊枪规避点
⑨	180	45	180	0	0	机器人原点

【知识储备】

一、机器人外部轴组成

　　机器人运动轴按其功能不同可以分为机器人轴、工装轴及基座轴。机器人轴是指机器人本体的轴。工装轴是指除机器人轴、基座轴之外的轴，如变位机、翻转机等辅助设备上使工装夹具翻转和回转的轴。基座轴是指使机器人移动的轴，如移动滑台。工装轴和基座轴统称为外部轴，如图5-2所示。

二、典型机器人外部轴及其控制

　　根据生产需要，有时焊接机器人需要焊接尺寸

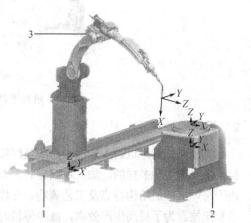

图 5-2　机器人系统中各运动轴
1—基座轴；2—工装轴；3—机器人轴

过大或几何形状过于复杂的工件，单独使用焊接机器人作业，则其焊枪无法实现焊接位置或姿态的要求。因此，有必要增加使用几个外部轴来增加机器人的自由度，便于实现焊枪的合理位置，保证焊接质量。

增加外部轴可以从工装轴和基座轴两方面入手。其一，可以采用焊接变位机移动或转动工件，使工件上的待焊部位进入机器人的焊接范围内；其二，可以将机器人本体安装在便于移动的龙门架或滑移平台上，扩大机器人本身的作业空间。同时，以上两种方法可以联合使用，使得待焊部位及机器人焊枪都处于最佳的焊接位置。

1. 滑移平台

滑移平台是机器人焊接常用的重要周边装置，通常将机器人或焊丝支架安置其上，特别适用在焊接大型工件时，加大机器人的工作范围，如图 5-3 所示。

（a）L 形变位机配合使用　　　　　　　　　　　（b）头尾架的应用案例

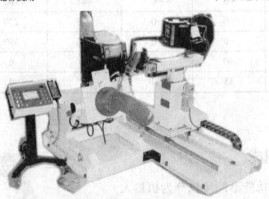

（c）弯管法兰自动焊接系统

图 5-3　滑移平台在机器人焊接生产中的应用

2. 焊接变位机

焊接变位机是机器人焊接生产线及焊接柔性加工单元的重要组成部分，实际生产中，焊接变位机形式是多种多样的，如：单回转式、双回转式和倾翻回转式等。选用何种形式的变位机，取决于待焊工件的结构特点及工艺流程。在焊接作业前和焊接过程中，被焊工件由变位机的夹具装卡和定位。为了提高生产效率，减少停机时间，使焊接机器人充分发挥机能，通常采用多台变位机联合生产。

3. 机器人外部轴的切换

外部轴的操作要与机器人本体相协调。外部轴系统通过控制器与机器人系统相连，通过控制系统操作外部轴。手动操作机器人外部轴运动的方法与操作机器人本体相似，要选中动作功能图标区域移动的外部轴。由动作功能图标区切换到外部轴状态有两种办法。

① 选中菜单图标【对象机构】下拉菜单中的"外部轴"。

② 单击【左切换键】，由机器人的"基本轴"切换至"手腕轴"再切换至"外部轴"。如图 5-4 所示。

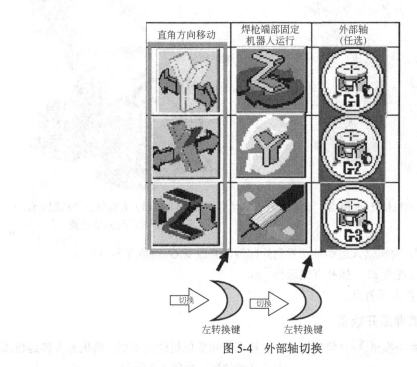

图 5-4　外部轴切换

三、焊接条件的设定

骑坐式管-板船形焊的作业条件可以参考项目四任务二完成。

四、运动轨迹示教

以图 5-1 所示的骑坐式管-板船形焊为例，为焊接机器人编辑一段环缝焊接附加变位机动作的焊接程序，此程序由 9 个示教点组成，编号为①~⑨。其中，处于待机位置的示教点①、⑨是原点，要处于与工件、夹具不干涉的位置。另外，示教点⑧向示教点⑨移动过程中，也要处于与工件、夹具不干涉的位置。

1. 示教点①——机器人原点

① 轻轻握住【安全开关】，接通伺服电源，打开机器人动作功能，图标由 变为 （绿灯由灭变亮）。

② 按【右切换键】，将示教点的属性设置为 ，插补方式选择 。

③ 按下 记录机器人原点，如图 5-5 所示。

2. 示教点②——焊接临近点

① 将机器人坐标系切换至 关节坐标系。

② 手动操纵机器人移向圆弧焊接临近点②位置，并改变焊枪角度使其适合焊接作业，焊枪角度参看表 5-1，焊枪角度如图 5-6 所示。

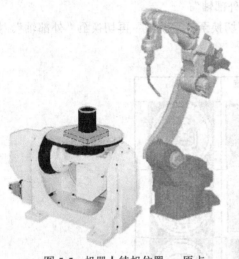

图 5-5　机器人待机位置——原点

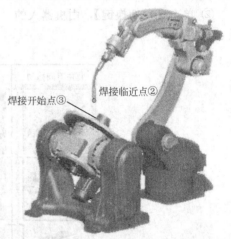

图 5-6　机器人和焊接变位机配合移动
到焊接临近点②位置

③ 按【左切换键】，将机器人运动轴切换到外部轴，并改变 G_1 轴角度为-45°。

④ 示教点的属性设置为 ，插补方式选择 。

⑤ 按下 记录机器人示教点②。

3. 示教点③——圆弧焊接开始点

① 将机器人坐标系切换至 直角坐标系，保持焊枪和变位机位姿不变，将机器人移到圆弧焊接开始位置，如图 5-7 所示。

② 示教点的属性设置为 ，插补方式选择 或 。

③ 按下 记录机器人示教点③。

4. 示教点④～⑥——圆弧焊接中间点

① 再次切换到 关节坐标系，保持焊枪位姿不变，将外部轴 G2 旋转 90°。

② 示教点的属性设置为 ，插补方式选择 或 。

③ 按下 记录机器人示教点④～⑥。

5. 示教点⑦——圆弧焊接结束点

① 类似与示教点④～⑥的操作，在关节坐标系下，保持焊枪位姿不变，将外部轴 G_2 旋转 90°。

② 示教点的属性设置为 ，插补方式选择

图 5-7　焊接变位机旋转到圆弧
焊接开始点③位置

或 ⟋。

③　按下 ⟦⇨⟧ 记录机器人示教点⑦。

6. 示教点⑧——焊枪规避点

①　将机器人坐标切换到 ⟦🖉⟧ 工具坐标系，沿 ⟦X⟧ X轴把机器人移动至不碰触夹具的位置，即焊枪规避点⑧。

②　示教点的属性设置为 ⟦🖉⟧，插补方式选择 ⟋。

③　按下 ⟦⇨⟧ 记录示教点⑧。

7. 示教点⑨——机器人原点

①　关闭机器人动作功能，进入编辑状态，将光标移动到示教点①所在命令行。

②　使用复制功能，复制示教点①命令，按用户功能图标 ⟦🖹⟧（复制），并侧击【拨动按钮】完成复制操作。

③　将光标移动到示教点⑧所在的命令行，按用户功能图标 ⟦🖹⟧（粘贴），完成粘贴命令操作。示教点⑨记录完毕。示教工作完成。

五、轨迹确认与施焊

与前面讲过的项目四任务相同，进行运行测试程序，如果轨迹合适即可进行实际施焊。焊后应观察施焊结果，如果焊接质量不理想，可以通过工艺参数的微调以达到预期效果。

【阅读材料】　锂电池更换

机器人本体和控制箱内装有电池，用于伺服电机编码器数据备份。电池的使用寿命随工作环境的不同有所变化，请两年更换一次新电池。否则电机编码器数据将会丢失，需要重新进行原点调整。进行更换操作前请备份示教数据，防止示教程序或设定参数丢失。

更换电池的顺序如下。

①　检查电池的使用时间，如果超过 2 年时要更换新电池。

②　为了安全起见先备份所有数据，然后关闭电源。

③　找到旧电池拆下换上新电池。

④　更换完毕后检验备份数据。

【任务实施】

项目任务书 5-1

任务名	焊接机器人外部轴及其控制		
指导教师		工作组员	
工作时间		工作地点	
任务目标		考核点	
了解机器人外部轴的定义及其分类 掌握机器人运动轨迹示教		能够使用示教器编辑机器人船形焊作业程序	

续表

任务内容

用 CO_2 作保护气体，使用直径 1.2mm 的 H08Mn2SiA 焊丝，并借助焊接变位机，完成骑坐式管-板船形的机器人连续焊作业

考核项目	机器人船形焊接示教的基本流程
	机器人外部轴的使用
	作业条件的设定、轨迹的确认与跟踪

任务前准备		
主要设备	松下弧焊机器人	YD-350GR3 数字弧焊电源
辅助工具	焊接工具	常用工具
学习资料	焊接机器人操作指导书	机器人安全操作规程

备注

项目完成情况总结	
自我表现评价	
指导教师评价	

【任务小结】

通过本任务的学习，学生能独立操作机器人船形焊运动轨迹的示教，并且能够设定焊接条件、确认轨迹并施焊，在机器人焊接中遇到的焊接缺陷能够自行调整。

思考与练习

1. 机器人运动轴按其功能可划分为_____、_____和_____。
2. 工装轴是指使工装夹具翻转和回转的轴，如_____、_____等。
3. _____和_____统称为外部轴。

任务二　焊枪清理装置及其控制

【任务描述】

常用的熔化极弧焊机器人在施焊过程中会产生飞溅和焊渣，它们残留在焊枪喷嘴内外，会阻塞焊丝和保护气体的流畅输出，对焊接质量及其稳定性产生严重的影响。为保证良好的焊接效果，焊接机器人可以配备焊枪清理装置。目前 BINZEL 和 TBI 两大品牌为国内焊接机器人生产配套使用的常用焊枪清理装置。本任务要求采用松下机器人平台和 BINZEL 焊枪清理装置，完成清理焊枪程序的示教程序，并观察清枪效果是否如图 5-8 所示。

（a）清枪前　　　　　　　　　　　（b）清枪后

图 5-8　机器人清枪效果

【任务分析】

焊枪清理装置主要由焊枪清洗机、焊丝剪断装置和喷化器三部分组成。焊枪清洗机主要用于清除喷嘴内表面附着的飞溅，从而确保保护气体流通顺畅；焊丝剪断装置可以用于用焊丝进行起始点检出的场合，用来保证焊丝的干伸长度，提高检弧精度和起弧性能；喷化器可以自动喷出防溅液，可以阻隔焊渣黏附到喷嘴上，减少附着，降低清理频率。

操纵焊接机器人完成图 5-9 所示清枪程序共需要 8 个示教点，每个示教点的焊枪角度参看表 5-2。

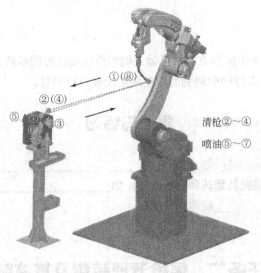

图 5-9　机器人清枪运动轨迹

表 5-2　清枪程序示教点说明

示教点	焊枪角度/(°)			用途
	U	V	W	
①	180	45	180	机器人原点
②	0	−0	−0	清枪临近点
③	0	−0	−0	清枪点
④	0	−0	−0	焊枪规避点
⑤	0	−0	−0	喷油临近点
⑥	0	−0	−0	喷油点
⑦	0	−0	−0	喷油规避点
⑧	180	45	180	机器人原点

【知识储备】

一、运动轨迹的示教

以图 5-9 所示运动轨迹为例，为焊接机器人编辑一段清枪程序，此程序由 8 个示教点组成，编号为①～⑧。处于待机位置的示教点①、⑧是原点，要处于与工件、夹具不干涉的位置。另外示教点⑦向示教点⑧移动过程中，也要处于与工件、夹具不干涉的位置。本任务具体操作以示教点②～④的示教为例，其他示教点的示教可以参看以上三点及本项目的任务一，不再累述。

1．示教点②——清枪临近点

① 将机器人坐标系切换至 😀 关节坐标系。

② 手动操作将机器人移向清枪开始位置附近，并改变焊枪角度到适合清枪的姿态，如图 5-10 所示。

③ 示教点的属性设置为 ✍，插补方式选择 ＼。

④ 按下 ⇨ 记录机器人示教点②。

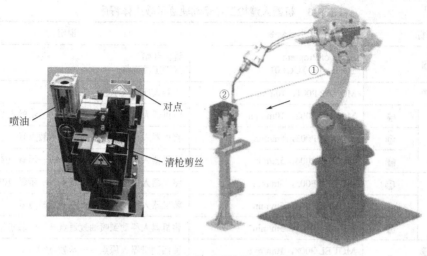

图 5-10　机器人移动到清枪临近点②位置

2. 示教点③——清枪点

①　将机器人坐标系切换到 直角坐标系，保持焊枪角度不变，将焊接机器人移动到清枪点位置，如图 5-11 所示。

②　示教点的属性设置为 ，插补方式选择 。

③　按下 记录机器人示教点③。

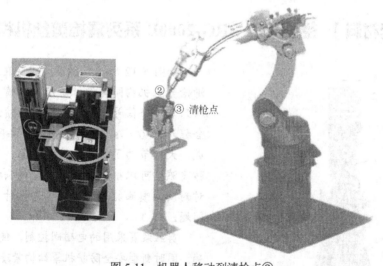

图 5-11　机器人移动到清枪点③

3. 示教点④——清枪规避点

①　关闭机器人动作功能，进入编辑状态，将光标移动到示教点②所在命令行。

②　使用复制功能，复制示教点②命令，按用户功能图标 （复制），并侧击【拨动按钮】完成复制操作。

③　将光标移动到示教点③所在的命令行，按用户功能图标 （粘贴），完成粘贴命令操作。机器人清枪工作运动轨迹示教的程序主体部分见表 5-3。

表5-3 机器人清枪工作运动轨迹示教主体程序

行标		命令	说明
●		Begin of Program TOOL=1：TOOL01	程序开始 末端工具选择
●		MOVEP P001，10m/min	机器人原点（示教点①）
清枪区	●	MOVEL P002，10m/min	将机器人移动到清枪临近点——示教点②
	●	MOVEL P003，5m/min	将机器人移动到清枪点——示教点③
	●	MOVEL P004，5m/min	将机器人移动到清枪规避点——示教点④
喷油区	●	MOVEL P005，5m/min	将机器人移动到喷油临近点——示教点⑤
	●	MOVEL P006，5m/min	将机器人移动到喷油点——示教点⑥
	●	MOVEL P007，5m/min	将机器人移动到喷油规避点——示教点⑦
●		MOVEL P008，10m/min	移回到机器人原点——示教点⑧
●		End of Program	程序结束

二、轨迹的确认与再现

与本项目任务一相同，运行测试程序，如果轨迹合适即可进行实际清理焊枪工作。清枪作业完毕后要注意观察清枪效果，如果清枪效果不理想，可以通过微调清枪参数来达到预期效果。

【阅读材料】 德国 TBI BRG-2000D 系列清枪剪丝机构特点

图 5-12 德国 TBI BRG-2000D 系列
清枪剪丝机构

1—根据焊枪枪头的尺寸确定密封垫的开孔直径（不需夹紧喷嘴）；2—带旋转喷射嘴的清洁舱；3—清洁下来的废料收集系统；4—集成在设备中的控制系统；5—金属磨料舱（可移动）；6—储存用过的金属磨料及清洁下来的飞溅物的收集舱（可移动）

如图 5-12 所示，德国 TBI BRG-2000D 系列清枪剪丝机构同时设计了清枪和喷油功能，机器人只需一个信号就可以完成清枪喷油动作。清枪全程只需 6~7s，比其他同类产品所需的 12s 完成，大大节约了机器人清枪时间。其使用的雾化防飞溅剂可以很好地到达焊枪枪头根部，同时相对封闭的喷油舱大大减轻了老设计中的有雾污染问题。

剪丝装置采用的电磁阀控制，使得剪丝更加准确。同时新型安全防护机罩结构紧凑，确保剪掉的焊丝落入收集盒，避免了二次污染。剪丝装置和其他品牌产品相比，电气布置非常简单，所有控制元件都安全放置在机箱内，外露管线极少。机构重要元器件都有高质量机壳保护，避免受到碰撞飞溅及灰尘影响。

【任务实施】

项目任务书 5-2

任务名	焊枪清理装置及其控制		
指导教师		工作组员	
工作时间		工作地点	
任务目标		考核点	
掌握焊枪清理装置的组成 能够设定焊枪清枪的作业程序		设定机器人焊枪清枪的作业程序	
任务内容			
使用示教器完成机器人清枪程序的示教			
考核项目	机器人清枪示教的基本流程		
	焊枪清理装置的组成		
	机器人清枪程序的示教		
	机器人清枪程序的编辑		
任务前准备			
主要设备	松下弧焊机器人	YD-350GR3 数字弧焊电源	
辅助工具	焊接工具	常用工具	
学习资料	焊接机器人操作指导书	机器人安全操作规程	
备注			
项目完成情况总结			
自我表现评价			
指导教师评价			

【任务小结】

通过本任务的学习，学生能够掌握机器人清枪程序的流程，并且能够设定焊枪清洗程序，掌握焊枪清洗装置的组成。并且知道通过微调参数，达到清枪的更好效果。

思考与练习

1. 目前为国内焊接机器人生产配套使用的焊枪清理装置主要为_____和_____两大品牌。

2. 焊枪清理装置主要包括_____、_____和_____三部分。

任务三　焊接机器人的保养维护

【任务描述】

定期的维护与检查是机器人正常运转所必需的，同时也能确保作业时设备和人员的安全。对焊接机器人进行日常维护可以保证其正常运作，减少问题出现，降低停机时间。操作者应定期履行对机器人的维护义务，避免延误正常生产，延长机器人的使用寿命。

【任务分析】

机器人的维护周期分为日检查、周检查和月检查。机器人的保养和维护主要从设备和系统两方面入手。清理及润滑可以保证设备的顺畅运行；对系统的维护和机器人的校准可以保证其操作的精确性，减小误差。维护后要填好保养记录。

【知识储备】

一、检查周期及内容

焊接机器人的保养维护可以分为日检查及维护、月检查及维护和年检查及维护。周期不同检查的内容也有所区别。检查间隔一般分为：

每 500h（每 3 个月）检查。检查机器人固定螺栓、盖板螺栓和连接部位松动与否，并用扳手拧紧。

每 2000h（每 1 年）检查。检查电机固定螺栓、转动（驱动）部件、减速齿轮以及本体内的配线接头是否松动，及时润滑。

每 4000h（每 2 年）检查。更换机器人本体内的电池。

每 6000h（每 3 年）检查。检查齿形带，为减速齿轮润滑。

每 8000h（每 4 年）检查。更换本体内的配线，涂抹润滑油。

每 10000h（每 5 年）检查。更换齿形带和控制柜内的电池。

进行每 2000h 检查时（1 年），建议实行全面检查。

1. 日检查及维护

① 检查送丝机构。检查时应注意送丝力矩是否正常，送丝导管是否损坏，有无异常报警。

② 检查气体流量是否正常。检查是否有漏气现象，及时查找漏点。

③ 检查焊枪喷嘴和气筛（数次），进行清理避免阻塞，是否中心偏移，电缆是否松动破损。焊枪结构如图 5-13 所示。

④ 检查定位夹具是否整洁。

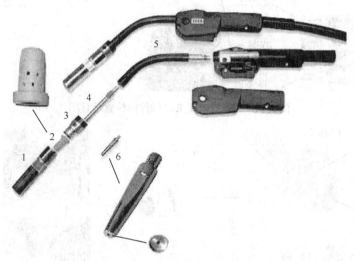

图 5-13　焊枪结构示意图

1—喷嘴；2—气筛；3—绝缘套；4—导电杆;5—弯管；6—导电嘴

2. 月检查及维护

① 检查焊接电源和接地线。

② 焊枪分解检查。

③ 清理送丝机构。检查送丝轮、送丝导管和 SUS 管（建议取下整个软管束用压缩空气清理）。

④ 检查定位夹具。检查定位销和相对运动位置。

⑤ 检查机器人各轴零位是否准确。如果不精确应及时校准。

⑥ 检查焊枪安全保护系统是否正常，以及外部急停按钮是否正常。

知识拓展：对于机器人来说，部位不同对润滑的要求也不一样。送丝轮滚针轴承润滑加少量黄油即可。清理清枪装置，加注气动马达润滑油或加普通机油。机器人各轴的润滑可分为两部分。

TW、BW、RW 轴所使用的谐波减速器每 3 年补充一次润滑油（或是每 6000h），油号为 SK-1A。TW 轴一次补充润滑油 1g；BW 轴一次补充润滑油 2g；RW 轴一次补充润滑油 9g。TW、BW、RW 轴的注油位置如图 5-14 所示。FA、UA 和 RT 轴在更换 RV 减速器或者大修时需要注油。FA、UA、RT 轴的润滑油为 RE00。FA、UA 和 RT 轴的注油位置如图 5-15 所示。

二、焊接机器人日常维护

1. 日常检查

在日常工作中，进行日常的例行检查可以在保证机器人正常运转的基础上确保操作者的自身安全。检查在电源接通前就已经开始，电源开合前后有各自的检查项目，见表 5-4。

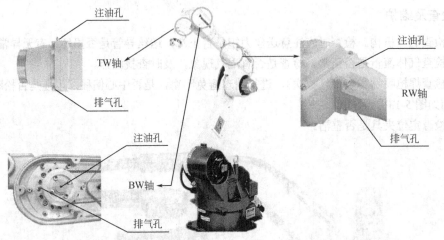

图 5-14　TW、BW、RW 轴注油位置示意图

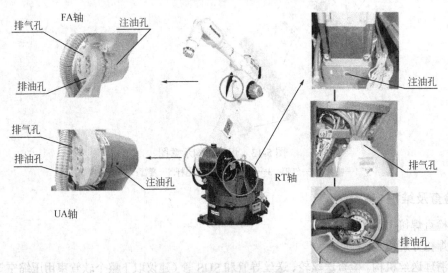

图 5-15　FA、UA 和 RT 轴注油位置示意图

表 5-4　日常检查项目

检查条件	部件	检查项目	维修及注意事项
闭合电源前检查项目	接地电缆或其他电缆	松动、断开、损坏	拧紧、更换
	机器人本体	是否沾有飞溅和灰尘	清除飞溅和灰尘
		松动	拧紧
	安全护栏	损坏	维修
	作业现场	是否整洁	清理整顿焊接工位
闭合电源后检查项目	紧急停止开关	立即断开伺服电源	维修，开关修好前请不要使用机器人
	原点对中标记	执行原点复位后，看各原点对中标记是否重合	按下急停开关，断开伺服电源后才允许接近机器人进行检查。发现不重合可与设备售后联系
	机器人本体	自动运转、手动操作时看各轴运转是否平滑、稳定（无异常噪声或振动）	修好前请不要使用此机器人
	风扇	查看风扇的转动情况，是否沾有灰尘	清洁风扇，清洁风扇前请断开所有电源

注：以上检查如果出现上述现象但原因不明时，要与机器人售后服务联系，不可随意拆装。

2. 机器人、附件和夹具部分的检查

由上述检查内容可知，焊接机器人的维护主要包括焊枪、送丝机构、供气系统、焊接电源等的维护。这些部件的具体检查项目及内容参见表 5-5。

表 5-5　机器人、附件和夹具部分的检查

检查位置	检查项目	检查内容和方法
焊接电源	连接部位	是否松动
	内部检查	是否有尘土
	其他	说明书上关于保养的内容
焊枪	喷嘴清扫	有无飞溅附着或损伤
	中心偏移	导电嘴孔是否有磨损
	漏气	喷嘴是否松动或导气管损伤
	气孔阻塞	气筛、喷嘴是否阻塞
	缆线	是否松动或破损
	分解、检查	送丝管有无阻塞；绝缘有无问题 气筛、喷嘴是否阻塞
	其他	说明书上关于保养的内容
送丝装置	送丝轮	有无实施清扫及送丝轮的消耗、损伤
	SUS 管	是否有阻塞、破损、磨损，是否与送丝轮偏心
	送丝盘	盘轴有无润滑润
	其他	说明书上关于保养的内容
送丝导管	吊装方法	是否偏离吊装器具、是否确保了最小曲率半径
	焊丝滑动	是否堵塞、磨损、破损
接地	安装部位电缆	安装部位是否松动
	电缆	电缆是否烧损、开裂
定位夹具	夹具定位夹紧处、夹具体	清除飞溅和垃圾
	夹具有相对运动处	是否磨损、损伤
	定位销	是否磨损、损伤

3. 日常维护要素

（1）焊枪日常维护要素

① 焊枪通过软管与送丝机构相连接，其连接要紧密，避免留有缝隙。喷嘴要旋紧，保证紧固在焊枪上。弯曲半径不能太小，否则送丝阻力大，不能正常焊接。

② 导电嘴的孔如果磨损成椭圆形时导电性能变差，送丝不稳，电弧不稳，要及时更换。并且要用扳手拧紧，否则导电性能变差，电弧不稳，而且焊接过程中焊丝前端还会出现晃动。

③ 在清理喷嘴上的飞溅时，如果采用敲打焊枪的方式，喷嘴容易变形或损坏焊枪，气体保护效果恶化。应使用防飞溅附着剂，飞溅物除去比较容易些。

（2）送丝机构日常维护要素

① 检查焊丝压力调节是否正常。压臂压力调整与焊丝直径相符，送丝不稳，不能正常焊接。压力不足时焊丝打滑，送丝性能差。反之，压力过大会损伤焊丝，送丝性能差。使用加压手柄进行调节。

② 用眼观察进丝路径是否正常。进丝管的孔与送丝轮的槽的中心一个对应，避免进丝导嘴的入口处焊丝受到损伤，影响送丝性。

③ 送丝管和送丝轮要定期清洗，污物会恶化送丝效果，送丝阻力大，不能正常焊接，如果送丝轮磨损严重应及时更换。送丝机上的附着的飞溅物也要及时清理。

（3）供气系统日常维护要素

CO_2气体应为焊接使用的CO_2气体。CO_2气体调节器和导气管连接不牢时，气体会发生泄漏，喷嘴前端的气体流量会减少，气保效果恶化，易出现气孔。气体泄漏应用肥皂水溶液等进行检查。

（4）焊接电源日常维护要素

用压缩空气清理控制柜及焊机。使用干燥的压缩空气定期依次清除内部的粉尘。此项清扫操作必须在切断电源后再进行。在除去粉尘时，应将上部及两侧板取下，然后按顺序由上向下吹，附着油脂类用布擦干净。压缩空气应具有 2～5MPa 的压力（不含水分）。

知识拓展：

对机器人部分来说，机器人本体的注油孔不允许加注普通黄油，否则会造成各轴不能灵活转动；不允许使用压缩空气清理灰尘或飞溅，否则容易对本体造成伤害。机器人的控制箱所有线缆不允许踩踏、砸压或挤碰，以免线缆破损；也不能与大容量用电设备接在一起，否则容易导致死机。示教器使用过程中避免发生摔碰，否则可能造成黑屏；也要避免其连接线缆缠绕，导致线缆折断；要避免划擦显示面板，否则液晶面板将会损坏。

另外，电焊机不能过载使用，否则焊机容易烧损；输出电缆连接要牢靠，否则焊接不稳，接头烧损。

【阅读材料】 焊接机器人操作者的维护保养职责

① 操作者必须严格按照保养计划书保养维护好设备，严格按照操作规程操作。每次保养必须填写保养记录。

② 设备出现故障应及时汇报给维修人员，并详细描述故障出现前设备的情况，包括故障出现的时间、故障的现象以及故障出现前操作者进行的详细操作，以便维修人员正确快速地排除故障（如实反映故障情况将有利于故障排除）。

③ 积极配合维修人员检修，以便顺利恢复生产。

④ 公司对设备保养情况将进行不定期抽查。建议操作者在每班交接时仔细检查设备完好状况，记录好各班组设备运行情况，便于及时查找问题根源。

【任务实施】

项目任务书 5-3

任务名		焊接机器人日常维护		
指导教师			工作组员	
工作时间			工作地点	

任务目标		考核点
了解机器人日常维护的内容 掌握正确保养维护机器人的方法		能够正确有效地进行焊接机器人的日常维护 填写保养记录

任务内容
对 CO_2 焊焊接机器人进行日常保养,操作者进行焊接机器人的日保养项目即可

考核项目	检查送丝机构
	检查供气系统
	检查焊枪安全保护系统
	检查水循环系统工作
	测试 TCP

任务前准备		
主要设备	松下弧焊机器人	YD-350GR3 数字弧焊电源
辅助工具	焊接工具	常用工具
学习资料	机器人安全操作规程	

备注

焊接机器人日检保养记录表

设备编号: 　　　　　　　　　检查执行者:

		是否检查				备注
保养项目	清理喷嘴					
	导电嘴检查					
	中心偏移					
	缆线					
	气孔阻塞					
	气体流量检查					
保养记录时间						

注:若判定 OK 在该项目栏内打"√",若判定 NO 在项目栏内打"×",并填写异常处置。

项目完成情况总结

自我表现评价	
指导教师评价	

【任务小结】

　　焊接机器人的操作者也是焊接机器人的保护者，日常的维修保养可以让机器人更顺利地投入生产，保证良好的焊接质量，提高生产效率。学会如何日常保养将帮助操作者正确地进行相关的清理和检查工作。

思考与练习

　　1. 焊接机器人的保养维护可以分为＿＿＿＿＿＿＿＿＿＿＿＿＿＿＿、＿＿＿＿＿＿＿＿＿＿＿＿＿＿＿＿和＿＿＿＿＿＿＿＿＿＿＿＿＿＿＿。

　　2. 操作者每次为机器人保养后必须填写＿＿＿＿＿＿＿＿＿＿＿＿＿＿＿。

　　3. 焊接电源月检查时应使用＿＿＿＿＿＿＿＿＿＿＿＿压缩空气定期依次清除内部的粉尘。压缩空气应具有＿＿＿＿＿＿＿＿＿＿＿＿的压力（不含水分）。

附录一

【思考与练习】参考答案

绪 论

1. 操作型机器人、程控型机器人、示教再现型机器人、数控型机器人、感觉控制型机器人、适应控制型机器人、学习控制型机器人、智能机器人

2. 人们对机器人的幻想与追求由来已久。西周时期，我国最早记载的机器人——能歌善舞的伶人；春秋后期，据《墨经》记载的木鸟；公元前2世纪，亚历山大时代的古希腊人发明了最原始的机器人——自动机；1800年前的汉代，我国的大科学家张衡发明了地动仪和记里鼓车；三国时期，蜀国丞相诸葛亮制造出了可以运送军粮的"木牛流马"。

后来，玩偶的设计领域也出现了机器人。1662年，日本的竹田近江利用钟表技术发明了自动机器玩偶，1738年，法国天才技师杰克·戴·瓦克逊发明了机器鸭。1773年，瑞士的钟表匠杰克·道罗斯和他的儿子连续推出了能自动书写及自动演奏的玩偶。

现代机器人的研究始于20世纪中期，基于计算机和自动化的发展，机器人的研究有了强大的技术背景支持，机器人的研究与开发得到了人们更多的重视，一些适用化的机器人相继问世。1927年美国西屋公司工程师温兹利制造了第一个机器人"电报箱"，它是一个装有无线电发报机的电动机器人，可以回答一些问题，但不能自行移动。1959年第一台工业机器人（可编程、圆坐标）在美国诞生，开启了机器人发展的新篇章。

3. 图0-12（a）为吸盘式搬运机器人。

最早的搬运机器人是1960年美国推出的Versatran和Unimate，两种机器人首次用于搬运作业。搬运机器人可以通过编程用一种设备握持工件，从一个加工位置移到另一个加工位置，完成自动化搬运作业。搬运机器人可以安装不同的末端执行器来满足不同形状和状态工件的需要，完成各种的搬运工作，大大减轻了人类繁重的体力劳动。如今，搬运机器人已被广泛应用于机床上下料、冲压机自动化生产线、自动装配流水线、码垛搬运、集装箱等的自动搬运。部分发达国家已制定出人工搬运的最大限度，超过限度的必须由搬运机器人来完成。

图0-12（b）为喷涂机器人（喷漆机器人）。

喷涂机器人于1969年由挪威Trallfa公司（后并入ABB集团）发明，用于进行自动喷漆或喷涂其他涂料。喷涂机器人的手臂有较大的运动空间，并可做复杂的轨迹运动，较先进的喷漆机器人腕部动作类似人的手腕，其采用了柔性手腕，既可向各个方向弯曲，又可转动，便于通过较小的孔洞伸入工件内部，进行内表面喷涂。喷漆机器人具有动作速度快、防爆性能好等特点，设备利用率高，提高了喷涂质量和材料使用率，广泛用于汽车、仪表、电器、搪瓷等工艺生产部门。

【项目一任务一】

1. C形、X形
2. 操作机、控制系统、示教器、弧焊系统、安全设备
3. 点焊控制器、点焊钳

【项目一任务二】

1. 第一代、示教再现、"示教-再现"
2. 位姿控制
3. TB 系列，表示机器人本体为焊枪电缆内藏式机器人；臂展，表示机器人臂展动作半径为1400mm；控制器型号为 GⅢ

【项目二任务一】

1. 15m/min
2. 防止触电，请勿打开。
   注意高温，请勿触摸。
   禁止
3. ① 工作前，要进行点检，确认所有安全保护装置是否有效。

② 打开机器人总开关后，必须先检查机器人在不在原点位置，严禁打开机器人总开关后，机器人不在原点时按启动按钮启动机器人。

③ 打开机器人总开关后，检查外部控制器外部急停按钮有没有按下去，如果按下去了就先打上来，然后点亮示教器上的伺服灯，再去按启动按钮启动机器人，严禁打开机器人总开关后，外部急停按钮按下去生效时，按启动按钮启动机器人。在机器人运行中，需要机器人停下来时，可以按外部急停按钮、暂停按钮、示教器上的急停按钮，如需再继续工作时，可以按复位按钮让机器人继续工作。

④ 在机器人运行暂停下来修改程序的情况下，选择手动模式后进行修改程序，当改完程序后，一定要注意程序上的光标必须和机器人现有的位置一致，然后再选择自动模式，点亮伺服灯，按复位按钮让机器人继续工作。

⑤ 关闭机器人电源前，不用按外部急停按钮，可以直接关闭机器人电源。

⑥ 当发生故障或报警时，请把报警代码和内容记录下，以便向专业技术人员提供以解决问题。

【项目二任务二】

1. RT、UA、FA、RW、BW、TW
2. TEACH、AUTO、TEACH、AUTO
3. 用于程序文件的新建、保存、删除、发送等操作

【项目二任务三】

1. 28
2.【程序文件】、【近期文件】
3. 六、灰色

【项目三任务一】

1. 关节坐标系、直角坐标系、工具坐标系、用户坐标系、圆柱坐标系
2. X轴、Y轴、Z轴、U轴、V轴、W轴
3. 点动机器人、连续移动机器人

【项目三任务二】

1. 单独
2. 二、关节坐标系、直角坐标系、工具坐标系
3. 坐标系

【项目四任务一】

1. 两、MOVEL
2. 光标、行号、行标、命令及附加项
3.

气孔产生原因	防止气孔的措施
保护气流量不足	在可以忽略风的影响时，基本流量为 15~30L/min 根据施工条件改变气体流量
喷嘴上有飞溅	除去堆积的飞溅 选择合适的焊接条件，防止发生过多的飞溅 调整焊枪角度及喷嘴高度，减少附着飞溅
风的影响	关闭门窗 焊接中避免使用风扇 使用隔板
工件表面有氧化皮绣、油等	用稀料、刷子、砂轮机等去除杂物
表面有油漆	用稀料等擦拭
焊接电流、电压、速度等不合适	在合适的电压范围内使用 根据弧长调整电压
焊枪角度、焊丝干伸长不合适	使焊枪的前倾角更小 焊丝干伸长要根据焊接条件来设定

【项目四任务二】

1. 三、圆弧开始点、圆弧中间点、圆弧结束点、MOVEC
2. 追加、变更、删除

【项目四任务三】

1. 4、一个摆动开始点、两个振幅点、一个摆动结束点、MOVELW、WEAVEP
2. 5、一个摆动开始点、两个振幅点、一个摆动中间点、一个摆动结束点、MOVECW、WEAVEP

【项目五任务一】

1. 机器人轴、工装轴、基座轴

2. 变位机、翻转机

3. 工装轴、基座轴

【项目五任务二】

1. BINZEL 和 TBI

2. 焊枪清洗机、焊丝剪断装置、喷化器

【项目五任务三】

1. 日检查及维护、周检查及维护和月检查及维护

2. 保养记录

3. 干燥的、2~5MPa

【任务书】参考答案

【任务书 1-1】

1.

焊接机器人种类	焊接机器人 I	焊接机器人 II
	点焊机器人	弧焊机器人
特点及应用领域	点焊机器人可以在主控计算机的控制下，实现由多台点焊机器人构成一个柔性点焊焊接生产系统，如图 1-9 所示的汽车车身机器人点焊生产线。目前使用点焊机器人最多的领域应当属于汽车车身的自动装配车间，一般装配一台汽车车体需完成 3000～5000 个焊点，而其中约 60% 的焊点是由机器人完成的。最初点焊机器人只用于增强焊接作业，往已拼接好的工件上增加焊点，后来为了保证拼接精度，又让机器人完成定位焊作业。如今，机器人已经成为汽车生产行业的支柱	弧焊机器人具有可长期进行焊接作业，保证焊接作业的高生产率、高质量和高稳定性等特点。由于弧焊工艺早已在诸多行业中得到普及，弧焊机器人在汽车及其零部件制造、摩托车、工程机械、铁路机车、航空航天、化工等行业得到广泛应用，如图 1-11 所示

2.

部位	名称
1	焊枪
2	操作机
3	送丝机
4	弧焊电源
5	控制箱
6	示教器

【任务书 1-2】

1. "示教"指的是焊接机器人学习的过程，在这个过程中，操作者需要通过人工操作指挥焊接机器人完成某些动作和运动轨迹并预设焊接参数，同时，焊接机器人会利用控制系统以程序的形式将其记忆并保存下来。"再现"过程是指焊接机器人工作时，将按照示教时记录下来的程序和预设的焊接参数重复展现这些动作，完成焊接任务。具体工作原理过程如图 1-13 所示。

2.

（1）点位控制（Point To Point，简称 PTP）

PTP 控制只专注于机器人末端执行器运动的起始点及目标点位姿，对这两点之间的运动轨迹不做规定。如图 1-14 所示，机器人的焊枪由 A 点到 B 点可选择沿 1～3 中的任一轨迹运动。无障碍条件下的点焊操作可采取这种控制方式，比较简单。

（2）连续路径控制（Continuous Path，简称 CP）

与 PTP 控制不同，CP 控制不仅要精准完成达到目标点的位姿，而且必须确保机器人能按照预想的轨迹在一定精度范围内运动。如图 1-14 所示，假设要求机器人末端焊枪必须沿轨迹 2 由 A 点到达 B 点。该控制方式可实现机器人弧焊操作。

3．TA：表示控制器型号为 GⅡ

1800：指臂展，表示机器人臂展动作半径为 1800mm

GⅡ：指 TA 系列，表示机器人本体为焊枪电缆外置式机器人

【任务书 2-1】

1．紧急停止开关、安全保护开关

2．示教作业前，为了防止其他人员误操作各个按钮，应有"正在示教"的警示牌或警示灯等预防措施。操作前，应该确认以下几点。

① 编程人员应目视检察机器人系统及安全区，确认无引发危险的外在因素存在。检查示教盒，确认能正常操作。开始编程前要排除任何错误和故障。检查示教模式下的运动速度。在示教模式下，机器人控制点的最大运动速度限制在 15m/min（25mm/s）以内。当用户进入示教模式后，请确认机器人的运动速度是否被正确限定。正确使用安全开关。

② 在紧急情况下，放开开关或用力按下可使机器人紧急停止。开始操作前，请检查确认安全开关是否起作用。请确认在操作过程中以正确方式握住示教盒，以便随时采取措施。正确使用紧急停止开关。紧急停止开关位于示教盒的右上角。开始操作前，请确认紧急停止开关起作用。请检查确认所有的外部紧急停止开关都能正常工作。如果用户离开示教盒进行其他操作时，请按下示教盒上的紧急停止开关，以确保安全。

3．需要进入安全护栏内操作时，在进入前要完成准备工作，确定工作范围，限制在最小的作业范围内，在自动运行时，禁止进入安全护栏内。进入安全护栏内操作时，要注意以下几点。

① 确认出入口的安全保护装置能否正常工作。

② 在安全护栏外，要有监督人员。

③ 保持正面观察机器人进行示教。

④ 确认脚下安全，请勿将站的位置设置过高。

【任务书 2-2】

1.

序号	按键名称	按键功能
1	启动开关	用于在运行（AUTO）模式下，启动或重启机器人的操作
2	暂停开关	在伺服电源打开的状态下暂停机器人运行
3	伺服 ON 开关	用于打开伺服电源

续表

序号	按键名称	按键功能
4	紧急停止开关	用于紧急停止机器人及外部轴运行，同时伺服电源立即关闭。顺时针方向旋转后即可解除紧急停止状态
5	拨动按钮	用于机器人外部轴的旋转、手臂的移动、数据的选定和移动、光标的移动
6	+/-键	可以代替【拨动按钮】，连续移动机器人手臂
7	登录键	示教时用于登录示教点，以及保存或指定一个选择，登录、确定窗口上的项目
8	窗口切换键	在示教器上显示多个窗口时，用于进行窗口的切换，并可以在激活窗口的菜单图标与编辑窗口之间进行切换
9	取消键	用于取消当前操作，返回上一界面
10	用户功能键	用于执行【用户功能键】上侧每个按钮图标所显示的功能
11	模式切换开关	用于在 TEACH 位置模式和 AUTO 模式间进行切换，按钮置于 TEACH 位置时，可以用示教器操纵焊接机器人。按钮置于 AUTO 位置时，焊接机器可以实现自动运行操作
12	动作功能键	用于选择或执行【动作功能键】右侧图标所显示的动作、功能
13	左切换键	用于切换坐标系的轴及转换数值输入列，轴的默认切换顺序为基本轴—腕部轴—外部轴
14	右切换键	用于缩短功能选择及转换数值输入列，对移动量进行"高、中、低"三个挡位的切换。示教过程中与【左切换键】配合使用，可以完成坐标系的切换：关节—直角—工具—圆柱—用户
15	安全开关	用于确保操作人员的安全，轻按一个或两个开关可以打开伺服电源，当两个开关同时释放或同时用力按下，可以切断伺服电源

2.

① 首先闭合一次电源设备的开关。

② 然后闭合二次电源设备（变压器）的开关。

③ 接下来打开焊接电源及附属设备的电源（电源内藏型除外）。

④ 完成以上步骤后，打开焊接机器人控制器的电源。系统数据开始向示教器传输，传输完毕后即进入可操作状态。

⑤ 登录系统，输入用户 ID 及口令（自动登录方式除外）。

⑥ 焊接机器人系统被打开，呈现的是系统的初始画面。

⑦ 当操作员选择示教模式时，轻轻握住【安全开关】至 ◯【伺服 ON 按钮】指示灯闪烁。这时按下 ◈，指示灯亮，说明伺服电源已接通。

⑧ 当操作员选择自动模式时，可直接按下 ◈，此时指示灯亮起，说明伺服电源已接通。

【任务书 2-3】

1.

创建：

步骤一，将示教器的【模式切换开关】放置于"TEACH"位置上，设定为示教模式。

步骤二，将光标移动至菜单图标 R 【文件】处→侧击【拨动按钮】，弹出子菜单→在弹出的子菜单项目上单击 【新建】，弹出"新建"窗口，在"新建"界面中有文件种类、文件名、工具、机构等等信息，可以根据实际情况进行设定（文件种类选"程序"，运用文字输入操作输入文件名"test"，其他选项保持默认不变）。

步骤三，在设定了窗口内容后，单击【OK】或按 ⇨ ，程序将被登录到系统控制器中，示教屏幕上将显示程序编辑窗口，系统会自动生成"Begin Of Program"和"End Of Program"程序架构。

保存：

步骤一，点击按键 🔲 ，将光标移动至菜单图标 🅡 处（提示：如果光标已在 🅡 图标上时则无需此步骤）。

步骤二，侧击【拨动按钮】，弹出子菜单→在弹出的子菜单项目上单击图标 💾 【保存】，弹出"程序保存"确认窗口。

步骤三，单击【YES】或点击按键 ⇨ 即可完成程序的保存。

2.

步骤一，单击按键 🔲 将光标移动至菜单图标 🅡 处（提示：如果光标已在 🅡 图标上时则无需此步骤）。

步骤二，选择 🅡 菜单上的图标 📂 【打开】→侧击【拨动按钮】，弹出子菜单→在弹出的子菜单项目上单击图标 📄 【程序文件】，弹出"程序保存"确认窗口。

步骤三，使用【拨动按钮】将选择光条的位置放置于需要的程序文件处（如 test 文件），如图 2-39 所示。确认无误后可以单击 ⇨ 按键或单击【OK】，在示教器屏幕上，程序编辑窗口就可显示出程序的内容。程序打开操作完毕。

【任务书 3-1】

1.

序号	轴名称		动作控制
1	基本轴	X轴	沿 X 轴平行移动
2		Y轴	沿 Y 轴平行移动
3		Z轴	沿 Z 轴平行移动
4	腕部轴	U轴	围绕 Z 轴旋转
5		V轴	围绕 Y 轴旋转
6		W轴	围绕 TCP 指向进行旋转

2. ① 确认【模式切换开关】放置于"TEACH"位置。

② 握住【安全开关】，按下【伺服 ON 按钮】接通伺服电源。

③ 按【动作功能键Ⅷ】，打开机器人动作图标 🟩 （绿灯亮起）。

④ 按【左切换键】在关节（默认）、直角、工具、圆柱、用户之间进行坐标系切换。动作功能键图标区将显示所选坐标系下的基本轴（左）和腕部轴（右）。

⑤ 根据动作需要按住选取的运动轴图标对应的【动作功能键】，选择相应运动轴。

3. 其操作流程为：按住【动作功能键】（选中某一运动轴）的同时，上/下微调【拨动按钮】，每转一格机器人移动一段距离（进给位移量）。

【任务书 3-2】

1. 具体操作流程如下。

① 将示教器【模式切换开关】放置于"TEACH"位置，设定为示教模式。

② 轻轻握住【安全开关】，接通伺服电源，按【动作功能键】，打开机器人动作功能。图标由 ![icon]变为![icon]（绿灯由灭变亮）。

③ 按住【右切换键】，同时点按一次【动作功能键】 $\boxed{\text{I}}$ ，完成关节坐标系与直角坐标系的转换，图标由 ![icon] 转换为 ![icon] 。

④ 按住 Y 轴图标![icon]对应的【动作功能键】，同时转动【拨动按钮】或按住【+/-键】，移动焊枪在直角坐标系下沿 Y 轴的直线运动。

2.

GⅡ示教器操作流程如下。

① 将示教器【模式切换开关】对准"TEACH"，设定为示教模式。

② 轻轻握住【安全开关】，接通伺服电源，按【动作功能键】，打开机器人动作功能，图标由 ![icon]变为![icon]（绿灯由灭变亮）。

③ 按【左切换键】一次，实现基本轴与腕部轴的转换。

④ 按住图标![icon]对应的【动作功能键】的同时，转动【拨动按钮】或按住【+/-键】，调整末端焊枪达到理想角度。

GⅢ示教器与 GⅡ示教器操作流程相似，只是无需进行第三步骤操作。

【任务书 4-1】

① 使用机器人完成直线运动轨迹自动焊接需要完成运动轨迹、作业条件和作业顺序三个方面的示教。

② 机器人完成直线焊缝的焊接仅需示教两个特征点，即直线的两个端点，插补方式选择"MOVEL"。

③ 在 ARC-SET 命令中设定焊接开始规范；在 CRATER 命令中设定焊接结束规范；手动调节保护气体流量。

④ 检查运行；实施焊接。

【任务书 4-2】

① 使用机器人完成直线运动轨迹自动焊接需要完成运动轨迹、作业条件和作业顺序三个方面的示教。

② 机器人完成圆周焊缝的焊接通常需要示教 3 个以上特征点，即圆弧开始点、圆弧中间点和圆弧结束点，插补方式选择"MOVEC"。

③ 在 ARC-SET 命令中设定焊接开始规范； 在 CRATER 命令中设定焊接结束规范；手动调节保护气体流量。

④ 检查运行；实施焊接。

【任务书 4-3】

① 使用机器人完成直线运动轨迹自动焊接需要完成运动轨迹、作业条件和作业顺序三个方面

的示教。

② 机器人完成直线焊缝的摆动焊接通常需要示教 4 个以上特征点，一个摆动开始点、两个振幅点和一个摆动结束点，插补方式选择"MOVELW"，振幅点设置用"WEAVEP"指令。

③ 在 ARC-SET 命令中设定焊接开始规范；在 CRATER 命令中设定焊接结束规范；手动调节保护气体流量。

④ 检查运行；实施焊接。

【任务书 5-1】

机器人外部轴的使用：

有些焊接情况工件过大或空间几何形状过于复杂，使得焊接机器人的焊枪无法到达指定的焊接位置或姿态，这种情况下，就必须通过增加几个外部轴的办法来增加机器人的自由度。通常有两种做法：一是采用焊接变位机让工件移动或转动，使工件上的待焊部位进入机器人的作业空间；二是把机器人操作机装在可以移动的滑移平台或龙门架上，扩大机器本身的作业空间。当然，也可以同时采用这两种办法，让工件的焊接部位和机器人都处于最佳的焊接位置。

【任务书 5-2】

焊枪清理装置主要包括焊枪清洗机、焊丝剪断装置和喷化器三部分。焊枪清洗机可以清除喷嘴内表面的飞溅，以保证保护气体的通畅；焊丝剪断装置主要用于用焊丝进行起始点检出的场合，用来保证焊丝的干伸长度，提高检弧精度和起弧性能；喷化器喷出的防溅液可以减少焊渣的附着，降低维护频率。

【任务书 5-3】

① 检查焊枪软管与送丝机构连接是否紧密；清理喷嘴上的飞溅；喷嘴是否紧固在焊枪上；导电嘴的孔磨损情况是否需要更换；并且用扳手拧紧。

② 检查焊丝压力调节是否正常。用眼观察进丝路径是否正常。清洗送丝管和送丝轮，观察送丝轮磨损情况，是否需要更换。及时清理送丝机上的附着的飞溅物。

③ 检查焊枪安全保护系统；检查水循环系统工作；测试 TCP。

参考文献

［1］兰虎. 焊接机器人编程及应用［M］. 北京：机械工业出版社，2013.

［2］唐山松下产业机器有限公司机器人学校. 机器人专用教材.2009.

［3］熊腊森. 焊接工程基础［M］. 北京：机械工业出版社，2013.

［4］李荣雪. 焊接机器人编程与操作［M］. 北京：机械工业出版社，2013.

［5］刘伟等. 焊接机器人基本操作及应用［M］. 北京：电子工业出版社，2012.

［6］谭一炯，周方明，王江超等. 焊接机器人技术现状与发展趋势［J］. 电焊机，2006，36（3）：6-10.